U0155906

皮格马利翁要求维纳斯（的雕像）为他自己制作并爱上的一尊女性雕像赋予生命。
18世纪末，让·巴蒂斯特·雷诺（Jean-Baptiste Renault）在凡尔赛宫贵族沙龙创
作了这幅关于雕塑起源的绘画

在罗马奥古斯都奥克塔维亚门廊附近发现的大理石楣板（公元1世纪后期），现在
藏于新宫（Palazzo Nuovo），卡比托利诺博物馆，碎片100（604）和104（608），长
2.12米和2.47米，高59米。月神大理石雕至少7块碎片中的2块描绘了宗教表演
所需的器物，如图所示，还有战船元素

公元4世纪早期，奥斯蒂亚医生的罗马石棺。死者被描绘成一位哲学家，读着一本卷轴，坐在橱柜前，橱柜里存放着他的行当。纽约大都会艺术博物馆。约瑟夫·布鲁默（Joseph Brummer）夫人和欧内斯特·布鲁默（Ernest Brummer）的礼物，纪念约瑟夫·布鲁默，1948年

雅典陶杯。公元前490年至前480年，绘制红色图案的技术，由铸造画家绘制。柏林，古物收藏F2294。高12厘米，直径30.5厘米；来自瓦尔奇（Vulci）的伊特鲁里亚（Etruscan）古墓。外部（a）（b）：青铜雕刻家作坊和青铜雕像的制作。内部（c）：海女神忒提斯在赫菲斯托斯的工作室里，头盔和盾牌是为忒提斯的儿子阿喀琉斯制作的。经古物收藏、柏林史塔利斯博物馆（Staatliche Museen zu Berlin-Preussischer Kulturbesitz）许可。摄影：约翰内斯·劳伦修斯

(b)

(c)

锡拉丘兹大教堂的内廊，建筑风格包括公元前5世纪雅典娜神庙的多立克（Doric）风格。照片：迪乔瓦尼·达尔奥尔托（Di Giovanni Dall'Orto）

图 7-1 阿提克梅伦达地区，弗拉西克利亚（Phrasikleia）的葬礼雕像，约公元前 550—前 540 年。雅典国家博物馆，第 4889 号。照片：雅典国家考古博物馆（V.von Eickstedt）希腊文化和体育部

黑格索石碑建于公元前400年雅典的克里米科斯。剑桥古典考古学博物馆，第206号。照片：苏珊·特纳

一名妇女的木乃伊肖像，100年，伊西多拉大师（活跃于100—125年）。洛杉矶，J.保罗·盖蒂（J.Paul Getty）博物馆，编号81.AP.42。照片：J.保罗·盖蒂博物馆

马赛克天花板，两个悬挂面板之一，来自4世纪罗马圣科斯坦萨（Santa Costanza）陵墓的走道，这是君士坦丁皇帝（卒于354年）的女儿康斯坦丁娜（Constantina）的回廊。天花板上面有银器、镀银器皿、果实、开花的树枝及鸟类。照片：皮蒂奇纳乔

罗马朱利安广场（Forum Julium）维纳斯·杰奈特里克斯（Venus Genetrix）神庙的大理石浮雕，复原于1世纪末或2世纪初，罗马帝国博物馆（Museo dei Fori Imperiali）。高1.45米，长1.92米，深1.39米。此处展示的是，用安瓴瓶填满水盆或酒瓮，移动香台，并支撑盾牌

透过器物看历史

① 古代

[英]丹·希克斯　[英]威廉·怀特◎主编　[英]罗宾·奥斯本◎编
崔学森　李应鹰◎译

中国画报出版社·北京

图书在版编目（CIP）数据

透过器物看历史. 1, 古代 / (英) 丹·希克斯,
(英) 威廉·怀特主编；(英) 罗宾·奥斯本编；崔学森,
李应鹰译. -- 北京：中国画报出版社, 2024.8
   书名原文：A Cultural History of Objects in
Antiquity
   ISBN 978-7-5146-2339-0

   Ⅰ. ①透… Ⅱ. ①丹… ②威… ③罗… ④崔… ⑤李
… Ⅲ. ①日用品—历史—西方国家—古代 Ⅳ.
①TS976.8

   中国国家版本馆CIP数据核字(2023)第230167号

透过器物看历史　1　古代
［英］丹·希克斯　［英］威廉·怀特　主编
［英］罗宾·奥斯本　编　崔学森　李应鹰　译

出 版 人：方允仲
项目统筹：许晓善
责任编辑：李聚慧
审　　校：崔学森
装帧设计：同鸣设计
内文排版：郭廷欢
责任印制：焦　洋

出版发行：中国画报出版社
地　　址：中国北京市海淀区车公庄西路33号　邮编：100048
发 行 部：010-88417418　010-68414683（传真）
总编室兼传真：010-88417359　版权部：010-88417359

开　　本：16开（710mm×1000mm）
印　　张：17
字　　数：200千字
版　　次：2024年8月第1版　2024年8月第1次印刷
印　　刷：三河市金兆印刷装订有限公司
书　　号：ISBN 978-7-5146-2339-0
定　　价：438.00元（全六册）

C目录
ontents

总序

主编 丹·希克斯 威廉·怀特

器物与我们的生活朝夕相伴，如影随形。我们塑造、使用它们，它们也反过来对我们加以塑造。鉴此，器物成为学者们不懈研究的对象也就不足为奇。不仅人类学家、考古学家和科技工作者长期孜孜以求，条分缕析，越来越多的历史学家、社会学者、文艺理论家以及其他学科的鸿儒也都纷至沓来。随着学界对器物文化意义研究兴趣的日益浓厚，这套应运而生的六卷本《透过器物看历史》便是对其做出的积极回应，以期对该领域最新研究成果进行权威性总结，为后续的深入探索奠定坚实的基础。

《透过器物看历史》探讨了人们如何创造、使用器物，理解器物的变化，以及器物经年累月对人们形成的影响。《透过器物看历史》以西方世界的器物为重点，从古代一直延展至当代，是一套时间跨度长但文化指向明确的匠心之作。

悠悠三千载，欧洲衍生、演绎、发展出了一系列对物质世界的独特态度。这些态度通过人工制品的创造和使用而形成，相关实践涉及生产规模的扩大、商品化的流行、工业和技术的发展以及分销网络的构建。这一过程的核心是有关器物的观念和认知，它与器物的拥有者和使用者密切相关。

本套丛书不是技术史、人工制品史或物质文化史的再现，而是全神贯注在器物文化史上。

在此基础上，本套丛书以时间为序分期撰写，每一卷都涉及一个可资识别的西方时代：

一、透过器物看历史·古代卷（约前1000至500）

二、透过器物看历史·中世纪卷（500至1400）

三、透过器物看历史·文艺复兴时期卷（1400至1600）

四、透过器物看历史·启蒙时代卷（1600至1760）

五、透过器物看历史·工业时代卷（1760至1900）

六、透过器物看历史·现代卷（1900至今）

每卷书的结构相同。导言将每卷涉及的历史时期置于更宏大的背景下进行叙事，充分阐述与非西方世界的跨文化交流和前一历史时期的赓续传承；第一章对如何理解和体验器物性（objecthood）这一关键问题进行探讨；接下来的章节揭示器物性的各个方面，对技术、经济器物、日常器物、艺术、建筑物和随身器物的演变进行详述；最后一章通过探究某个特定器物或某类器物的使用，来见微知著地深入展现这一历史时期的器物世界，从而说明器物过去塑造了人类，当下催生了学术。

希望本套丛书的这种编撰方式能够使广大读者依时序或主题去按图索骥，精准定位，或阅读各卷中的同一章节以了解特定类型的器物如何随时间而发生改变。无论哪种方式,《透过器物看历史》都为研究器物文化提供了权威性、启迪性和独创性的论述,毕竟器物文化的重要性只会与日俱增。

导言

罗宾·奥斯本

　　无论我们作为人类采取了怎样不同的具体方式，作为一个物种，我们都变得越来越纠缠于器物之中。

——霍德（Hodder），2012 年

　　《透过器物看历史》全书共六卷，旨在说明人与物之间越来越多的纠缠关系。它不是简单地评估纠缠的变化程度，而是揭示这种纠缠性质的重要转变。自阿詹·阿帕杜莱（Arjan Appadurai）将人们的注意力吸引到他所描述的"器物的社会生活"以来的30年里，整个人文和社会科学领域的学者们都进行了"物质转向"。在比尔·布朗（Bill Brown）的"物论"之后，以阿尔弗雷德·盖尔（Alfred Gell）为首的法国理论家、文学评论家及人类学家，尤其是鲍德里亚（Baudrillard）和拉图尔（Latour），一直关注器物（即人类手工制造的器物），以及它们的物质存在对人类生活的影响。对于探索社会学器物理论的社会学家及考古学家来说，尽管他们一直在研究过去的物质痕迹，但他们越来越热衷于探索"精神与物质世界的结合"。

历史学家也未能幸免于这种"物质转向"。除了关于特定时期各种物质文化作品外，他们还试图考察器物塑造历史的各种方式。当时任大英博物馆馆长声称能够用100件器物展示世界历史时，这引发了大众的想象。但是，其他领域的历届学者抱怨说，被吹嘘的"物质转向"还不够物质；历史学家也是如此，历史的物质化经常关注消费选择模式的历史，而不是更广泛地思考器物在人类历史中的地位变化。

本卷同其他卷一样，不仅仅是一部庞大的消费史，更是一部生产史。在单独的章节中，作者从不同的角度对器物可能如何塑造文化，以及人们对物质世界的期望如何影响到他们制造的器物等问题进行了研究。我们对日常器物（第四章）和因美学品质而引人注意的器物（第五章）、建筑物和建筑环境（第六章）、与身体亲密接触的器物和与人之间经常存在情感联系的器物（第七章），以及最重要的具有交换价值的器物（第三章）都提出了同样的问题。我们也在探究器物是如何被思考的，即人类对物质世界的理解，以及器物在人类构建世界的过去、现在和未来时所扮演的角色。本书最后选取了一组特定的对象，并利用这组对象来理解它们所出自的世界。

在本导言中，我试图将本卷所涉及的古典时期的器物置于更广泛的自然和文化环境中，评估它们从史前时期继承的物质遗产，并大致勾勒出它们所涉及的政治和思想文化史，以及在知识、权力及物质和非物质价值方面的地位变化史。我首先概述了古代器物文化史的情况，随后针对"器物的适当地位"以及"器物在人类世界中应占据的位置"两个议题，追溯了希腊和罗马作者对此不断修正的一些理解方式。

器物对希腊人和罗马人重要吗？

公元前23年，罗马诗人贺拉斯（Horace）同时出版了三本诗集，他在第三本诗集的最后一首诗的开头宣称："我已经完成了一座比青铜保存更长久的纪念碑。"其他诗人也将他们精心写出的文字比作建筑物。希罗多德（Herodotus）在其《历史》的开头几句中指出，作为一名历史学家，他的任务是防止希腊人和非希腊人过去的作品被时间抹去。贺拉斯则进一步吹嘘：他的语言结构不会起到保存纪念碑的作用，它们将是金属纪念碑消失后留下的东西。他的话语不受风、天气及时间的影响，只取决于可以让人们理解这些话语的文化背景是否持续存在，这种文化背景通过提及罗马的宗教仪式暗示出来——"只要牧师和沉默的少女（即圣母）一起爬上国会大厦（杜姆国会大厦暨教区长会议）"[1]。然而，在将这种方式确定为他的文字永不消散的存在条件时，贺拉斯承认，文化背景也是一种物质背景：如果没有国会大厦可以攀登，他的文字所处的世界就会消失。

思想世界和物质世界之间的这种竞争，以及对它们相互依赖的承认，在现存最早的希腊诗歌中就存在了。赫西奥德（Hesiod）的六步诗《神曲》（*Theogony*）和《作品与日子》（*Works and Days*）

1　来自罗马著名抒情诗人贺拉斯的《颂歌》。——译者注

早于《荷马史诗》(*Homeric epics*)[《伊利亚特》(*Iliad*)和《奥德赛》(*Odyssey*)]或与之同时。《神曲》一开始就讲述了赫西奥德在波欧提亚(Boeotia)的赫利孔山(Mount Helicon)上看管羊群时与缪斯女神的相遇。缪斯女神指责他是一个"单纯的肚子",声称"知道如何阐述虚假的东西,就好像它们是真实的;但只要我们愿意,我们也知道如何宣扬真实的东西",然后从月桂树枝上截下一根作为权杖给他,告诉他要歌颂永恒的受祝福者,但要从歌颂她们开始。赫西奥德接着说:"但这与我有什么关系,一棵橡树或一块岩石。"这是一个令人费解的短句,但它将众神的世界与赫西奥德的物理现实环境进行了鲜明的对比。在这段对话中,存在物质和非物质的游戏:非物质的缪斯女神说赫西奥德就像一个只从物质的角度来考虑自己需求的人("单纯的肚子");缪斯女神声称能够以一种让非物质看起来像物质的方式来谈论非物质,同时也谈论了物质现实。赫西奥德得到了一个物质上的恩惠,这个恩惠将塑造他的非物质话语;他认为这个事件不适合用一种众所周知的表达方式来讲述,而是将它比喻成日常的物质器物,比如木头或石头。什么是更重要的?是"真实"的器物世界,还是用语言构建的世界?我们可以用什么来表明语言的地位?是赫西奥德的非物质"愿景",还是他的月桂树权杖[1]?

赫西奥德的表现形式是抽象的,而《伊利亚特》的表现形式则是具体的,二者都表达了器物的道德负担[2]。一方面,这部史诗讲述

---

1 缪斯最终将月桂树权杖留给了赫西奥德。——译者注
2 道德负担:区分好与坏或对与错的行为。——译者注

了阿喀琉斯（Achilles）对阿伽门农（Agamemnon）的愤怒，因为阿伽门农从阿喀琉斯手中夺走了被俘的女孩布里塞伊斯（Briseis），而阿喀琉斯早先以战利品的形式得到了这个女孩。另一方面，这是特洛伊勇士中最伟大的赫克托尔（Hector）面对希腊勇士中最伟大的帕特洛克罗斯（Patroclus）的故事。阿喀琉斯一开始拒绝参战，但在赫克托尔杀死帕特洛克罗斯后，阿喀琉斯又回到战场上。阿喀琉斯一再拒绝对失去布里塞伊斯的物质补偿，只有失去战友帕特洛克罗斯的非物质代价才刺激阿喀琉斯再次投入战斗。他带着赫克托尔的尸体回来，把尸体拖到特洛伊周围，且不将尸体下葬。在这首诗的最后一卷中，赫克托尔的父亲普里阿摩（Priam）秘密拜访了阿喀琉斯，带去了丰富的物质财富以保全他儿子的尸体。普里阿摩的请求成功了，不是因为他带来的器物——尽管这些器物被接受了，而是因为他让阿喀琉斯想起了自己的父亲佩琉斯（Peleus），想到父亲可能和普里阿摩一样会承受亲人离去的痛苦。这首诗从开头到结尾，人们总会权衡物质财富和人际关系，而且人际关系总会获胜。然而，物质财富并不是不重要。如果没有赫菲斯托斯（Hephaistos）神为阿喀琉斯锻造的新盔甲——这套盔甲包括一面盾牌，阿喀琉斯就不可能在对抗赫克托尔时取得胜利。盾牌上描绘了战争中与和平中的城市景象[1]。我们也无法想象，如果普里阿摩空手而来，会得到怎样的接待。

近700年后，维吉尔（Virgil）通过对《荷马史诗》的思考创作了他的《埃涅阿斯》（Aeneid）。《埃涅阿斯》不包括《伊利亚特》第24

1　盾牌上画的城市，一半是和平的景象，一半是战争的景象。——译者注

章的内容。更重要的是，维吉尔选择以埃涅阿斯杀死敌方的冠军特努斯（Turnus）来结束诗歌。这一杀戮不仅代表拒绝一个明显以埃涅阿斯父亲为形象的求救者的乞求，还表明这是一种由可怕的燃烧的愤怒所推动的行为。讽刺的是，这种愤怒是由一个特定的器物——剑带引起的。这剑带是特努斯杀死年轻的帕拉斯（Pallas）后夺走的。埃涅阿斯对这个器物的反应，其实是失去年轻王子所引起的情绪反应。

然而，370年，奥索尼乌斯（Ausonius）写了一首诗，将人类和器物从中心位置移开，取而代之的是一种自然力量，即伟岸的摩泽尔（Moselle）河的力量。奥索尼乌斯的诗长达近500行。这首诗与任何早期的希腊或拉丁诗作都不同，因为对各种器物特别是艺术品的文学描述，一直是希腊和拉丁文学的特点，而对自然风光的描述却非常罕见。[1]对奥索尼乌斯来说，河水向坐船的人提出了挑战，也向年轻的垂钓者提供鱼儿；人在河岸上的精心建造无论是不是为了点缀河景，人的作品都是与自然合作的，而不是与自然竞争的。摩泽尔河的名声因人类工匠的技术而更加响亮，就像它也因诗人的话语而更加响亮一样，这甚至会让其他河流都知道它的荣耀。

奥索尼乌斯的诗建立在一种独特的罗马诗歌传统之上。这种传统首先体现在1世纪的作品中，最引人注目的是小普林尼（Younger Pliny）的书信和斯塔提乌斯（Statius）的诗歌。奥索尼乌斯反复提到了斯塔提乌斯的诗句。这一传统以一种非常积极的方式介绍了人类改变和改善环境的能力，强调的不是制造特定器物所需的技能，

1　1世纪的《安泰那》描述了人类关于火山活动原因的理论，而不仅仅是对埃特纳本身的描述，并以两兄弟拯救父母的故事结束；菲洛斯特拉托斯的《斯卡曼德尔》实际上是关于荷马的，而不是关于风景的。——原书注

而是用这些器物改善自然环境的方式。这与早期作家对人类建筑的非自然影响的持续关注，以及对简单生活的一贯偏好形成了鲜明对比。在荷马笔下，器物永远无法满足人类的自我需求。现在看来，人工与自然一起创造出的东西比自然或人工单独产生的更伟大。这种自负也体现在诗人对自己诗的构建中，它不再像贺拉斯的诗那样与纪念碑竞争，而是与拥有自然和人工的世界相结合。就像是那条被赞美的摩泽尔河，他的诗确保了这条河拥有更大的名声。贺拉斯间接承认的东西（他的话语取决于它们所属文化的持久性），奥索尼乌斯全心全意地接受了。

这些诗歌的例子共同表明了器物在古代文化历史中的核心地位。器物世界，人造物的宇宙，不仅为希腊人和罗马人提供了维系人类生活的材料，还提供了构造和考虑人际关系的材料。这些例子也表明，器物在希腊和罗马文化中的地位既不单一也不简单。尽管器物从根本上塑造了希腊人和罗马人能够实现的目标以及他们之间的关系，但器物的道德和政治用途却非一成不变。为了理解这一点，我们必须将器物的文化历史置于一个更广泛的历史框架中。

古希腊罗马的环境

维持人类的生存并不容易，维持人类的社会生活就更难了。赫西奥德指出普罗米修斯的欺骗行为受到了神的惩罚，因为人不能靠原始自然界生活，而是必须从事农业劳动。农业不仅需要人的劳动，还需要工具，可见赫西奥德的《作品与日子》中关于如何制作犁的描述并非毫无原因。而切割制作犁的木材需要铁制的工具，这种资源本身只有在某些特定的地方才能得到。但是，即使配备了犁和拉犁的牛，农民的生计也得不到保证：在希腊半岛和整个地中海地区，很少有地方通过农业劳动就能够稳定地生产出生存所需的食物。降雨量巨大的年际变化使谷物产量变得不确定，而这些谷物是《荷马史诗》中"吃面包"的人的主食。社区中的人如果不相互协作，就无法生存。基本生活尚且如此，美好的生活更需协作。但合作不仅需要运输工具，还要求创造出承担责任的方法，而不仅仅是提供自然产品。

在地中海地区，极端的地形形成地理上不同的区域；而海洋本身提供了连接的潜力，仿佛大自然既确保了环境的最大多样性，又提供了应对和开发这种多样性的手段。气候的多变性鼓励社区实现农业生产的多样化，以便种植对水有不同需求的各种作物，以及对人类干预有不同时间要求的作物。同时，地形的多样性鼓励社区最大限度地生产他们特定环境中容易生产的东西，以便有足够的资金进行交换，购买他们不能生产的东西。而如何最好地利用当地环境，则需要了解他人的情况，以及了解自己环境的可能性和局限性。当然这也需要超越当前的季节，考虑到什么可以被有效地储存起来以供将来使用。在奶牛、绵羊或山羊可以繁衍的地方，人们将牛奶变成奶酪，将极易腐烂的资产转换成可以更广泛交换的资产。同样，超过当地消费需求的鱼，只有在腌制和晒干后才有用。

网络让社群能够在农业产量不稳定的地方得以生存，也使人们能够进一步开发当地丰富但其他地方普遍稀缺的资源。有一些植物资源确实如此（包括略显神秘的硅藻泥，它只生长在塞浦路斯），但更普遍的情况是石头和金属，以及适合制陶的黏土。全面开采矿产资源经常涉及对基础设施的投资，这些投资远远超出了当地的需求；但如果提供给本身缺乏这些资源的地方，则会产生丰厚的、包括物质和人脉方面的利润。史前梅里亚（Melian）黑曜石的分布表明，甚至在本卷讨论的时期之前，人们就已经通过这种方式建立起广泛的网络。雅典坚持控制来自凯亚岛（island of Kea）的红土（一种精细的红色黏土）的流通，同样表明特殊的资源能够吸引特殊的政治干预。

如果说地中海地区的环境需要人们创造与其他地方建立联系的方法，并鼓励人们将初级产品变成次级产品，那么它也带来了对多样性的广泛认识。在一个地方生存所需的知识可以在其他地方被重新利用，不仅仅是为了经济利益，也是出于模仿和区分的目的。在一个地方对生存至关重要的器物，在另一个地方可能被用于精英阶层的娱乐，就像埃及的提水装置成为罗马别墅花园中产生流水景观的工具。同时，对差异的认识可能会激发当地人的自豪感。

史前遗产

本卷所涉及的古代时期，尽管是在"黑暗时代"之后，却有着非常重要的继承性。在青铜时代，整个地中海中部和东部地区出现了密集的连接网络，表现为器物和技能的独特分布。尽管技能[书写技能——线形文字乙（Linear B），绘画技能——米诺斯（Minoan）和迈锡尼壁画技术（Mycenaean fresco technique），建筑技能——如迈锡尼圆形墓（Mycenaean tholos tombs）中展示的技能，金属加工技能——如那些精心制作的塞浦路斯支架]的丧失是"黑暗时代"名称的由来，但整个地中海的大部分连接网络似乎被保留了下来，器物和知识继续通过这些网络流通。

目前对青铜时代末期所发生之事的理解，并不是入侵或自然灾害给先前存在的秩序带来了灾难性的破坏，而是标志着青铜时代后期的高度中央组织（特别是在希腊世界，它的象征是迈锡尼宫殿和线形文字乙的档案），受到了也许是内部和外部力量结合的致命破坏。随之而来的是一个群体的高流动性时期，这些群体通常缺乏凝聚巨大资源的能力，但在相对较低的水平上保持着联系。人们认为希腊世界从黑暗时代起"兴起"了对政治权力的巩固，但这实际上是国家形成的产物。青铜时代晚期，器物可以作为礼物在人与人之间建立联系，以及作为奢侈品将一些人与其他人区分开来。对器物的这些期望从未消失，但随着更复杂的政治单位的形成，器物被明显使用的范围也大大增加。

地中海中部地区从史前时期起继承了一组地理联系和一些关于器物可能用于什么的期望。这些期望部分是由过去的物质所形成的，例如迈锡尼城墙的"独眼巨人"墙，部分是由口传形成的。我们尤其可以从口头史诗的传承中证实这一点，《荷马史诗》和《奥德赛》就是其中的产物，这些史诗对特定器物的描述发挥了重要作用。其中一些器物，如奥德修斯（Odysseus）一度佩戴的野猪獠牙头盔或艾亚斯（Aias）一直携带的强大盾牌，我们有充分理由认为是青铜时代后期现实存在的器物；其他器物，如据说来自西顿（Sidon）的各种宝物，是对黑暗时代末期在地中海地区流通的器物类型的阐述。所有这些描述都满足了那些在神的节日或其他场合听到这种口传诗歌表演的人的期待和愿望。

器物和知识

《荷马史诗》中器物所扮演的角色之一是传承知识。在《伊利亚特》第七卷中，当希腊人在他们的船只前建起一堵墙时，常以抱怨者出场的波塞冬（Poseidon）向宙斯抱怨说，人们将因此忘记他和阿波罗（Apollo）为劳梅顿（Laomedon）建造的墙。宙斯回应说，当希腊人离开特洛伊时，波塞冬可以打碎并抹去他们建造的墙。在这里，就在希腊诗歌传承的开始，我们已经看到一种意识，即历史和考古学——对过去的语言表述和见证过去的器物——是不断交融的：器物需要语言表述，以在历史中占有一席之地，而没有客观器物关联的历史主张则会显得苍白无力。

5世纪，历史学家希罗多德（Herodotus）和修昔底德（Thucydides）在不同程度上重新审视了器物和历史知识之间的关系。希罗多德喜欢用一个幸存的器物来证实一个故事，以增加故事的可信度。因此，在讲述一个名叫阿里翁（Arion）的音乐家被扔入海中接着被海豚救起的故事后，他注意到在泰纳鲁姆角（Cape Taenarum）的一个保护区里有一个骑在海豚背上的人的雕像。他和修昔底德都用器物来证明过去的情况：两人都引用铭文。修昔底德通过观察从德洛斯岛（island of Delos）挖掘出的古墓得出结论：墓中的居民是卡里亚人。但修昔底德也意识到，物质遗迹会误导人。修昔底德观察到，斯巴达的物质遗迹十分微不足道，任何仅凭这一点物质遗迹来判断的人都会认为斯巴达远不如雅典。因此，在讨论希腊军队的规模时，他不愿意通过迈锡尼的规模去得出史诗传说中记载的有关这支希腊军队规模是否真实，或其他任何结论。从器物的性质，甚至仅仅从器物的存在得出历史结论并不简单，因为这些器物需要有背景。

在后来的历史学家所使用的基础证据中，器物的作用要小得多。

部分原因是他们处理的问题并不适合用现存器物的存在与否或者性质来说明，另一部分原因是后来的历史学家主要关注的时期是有文本存在的时期。政治史在古代史中占主导地位，而那些追溯早期历史的人，如罗马历史学家里维（Livy），只根据一种特殊的对象——早期的历史著作来进行研究。现在，沉默的器物所提供的知识与其说是过去事件的证据，不如说是态度的证据。就历史学家塔西佗（Tacitus）而言，正是新宫殿——"金屋"（Domus Aurea）的范围和计划揭示了尼禄（Nero）的大胆及其不受约束的野心。阿米亚努斯（Ammianus）在黄金雕像、高大的马车和浮夸的服饰中找到了罗马腐败的证据。

为了吸引人们注意那些能说明道德价值的器物，这些历史学家一直在以一种嘲弄男人和女人关系的悠久传统写作。这些传统起源于《荷马史诗》，是古希腊作家希波纳克斯（Hipponax）的一个突出特征。这种讽刺在罗马帝国早期尤为突出，而且发展得特别好，例如在尤韦纳尔（Juvenal）的《讽刺诗》（Satires）和佩特罗尼乌斯（Petronius）的《讽刺诗》（Satyrica）中就有表现。这些作品着重描写的虚构人物因他们创造的和他们周围的器物而变得栩栩如生。作家依靠每个人与器物世界联结的独特方式，使其虚构的角色具有说服力。从特征上讲，这些联结方式涉及随身器物（服饰和珠宝）、个人消费器物（食物和饮料、香水）、家庭陈设和更普遍的直接物理环境，以及交通方式。尤韦纳尔的《讽刺诗》很好地说明了这一点，因为诗人想知道大笑的哲学家德谟克利特（Democritus）会有什么反应：

假设他曾看见执政官，

他坐在高大的马车里，穿过尘土飞扬的马戏团，穿着全套的仪式服装——

有棕榈叶的外衣，沉重的提亚纳长袍，

在他的肩膀上环绕着巨大的褶皱；

王冠如此巨大，以至于脖子都承受不了它的重量，

而只能由一个汗流浃背的公共奴隶扛着，

为了不让执政官快于自己，他骑在旁边的马上。

然后是象牙杖，上面有一只鹰的冠冕，

一队由小号手、白袍公民组成的威武的队伍，在他的马缰绳旁恭敬地行进，

他们的恭顺是用藏在钱包里的餐票换来的。

　　然而，器物从来都不仅仅是事件或人物的见证，它们还提供证据来证实世界是如何运作的。对柏拉图来说，器物通过实例化——尽管是以限定的形式——以及它们背后的思想，为我们提供了关于世界到底是什么样子的最佳想法。因此，在《理想国》中，柏拉图对视觉艺术家提出批评，因为他们只是简单地复制器物（沙发），而这些器物本身已经是复制品。柏拉图认为，对有关真正器物是什么样子的最佳感觉，不是从表现器物的艺术家那里获得的，也不是从制造器物的工匠那里获得的，而是从判断器物是否达到了所需目的的使用者那里获得的。当我们安排器物为我们做事时，我们既对理想世界有感觉，也对我们不得不将就的器物的不足有感觉。

　　柏拉图的唯心主义只是古希腊和罗马世界中的一种知识模式。亚里士多德认为，对某一器物的认识就是对其原因或本质的认识。他认为不是所有的知识都可以演绎，对原理的认识只能通过归纳来

获得。亚里士多德的探究集中在对自然世界（特别是动物）的知识上，但后来的思想家不仅将探究扩展到植物，还扩展到器物世界。器物事实上提供了理论在认识论中居于首要地位的最好例子：器物所做的就是证实它们所基于的理论。最好的机械师被认为是那些既拥有几何学、算术学、天文学和物理学的理论，又拥有金属加工、建筑、木工和绘画的实践技能的人。许多文本将器物视为非常低级的理论工作的副产品，如普鲁塔克（Plutarch）将阿基米德的军事工程作为其理论探索的副产品来介绍。但也有一些文本承认，有些东西只能从实际工作本身和一些反复试验中学习，如拜占庭（Byzantine）的斐洛（Philo）对托勒密（Ptolemaic）工程师如何完善大炮的描述就是很好的例子。斐洛的结论是："很明显，仅仅通过理性和机械学的方法不可能完全解决所涉及的问题，许多发现只能是试验的结果。"

建筑史表明，理论是先行的，器物是理论的实例。正如J.J.库尔顿（J.J.Coulton）所证明的那样，希腊的神庙建筑是基于比例规则的，而不是利用比例图来实现对美学上的正确认识。尽管在奥古斯都（Prima Porta）统治时期，这种图纸已经成为建筑师装备的一部分，但维特鲁威仍然坚持认为建筑师的专业技能是由实践和理论产生的：理论确认了建筑的比例，实践使建筑得以完成；没有理论的建筑会被遗忘，纯粹的理论导致建筑师追逐虚影。维特鲁威（Vitruvius）在他著作的第一章强调了建筑师的教育，坚持认为建筑师的教育需要几何、算术、历史、哲学、音乐、医学、法律和天文等知识及绘图技术，并从这一章开始介绍描述建筑原则的术语——设计、形状、对称性、正确性和经济性。在第二章中，当主题换作建筑材料时，他再次从理论——希腊哲学家将土、空气、火和水确定为世界的物质元素——开始论述；在此基础上，他以泥砖展开讨论。同样，在第三章中，当主题变成寺庙时，他从对称性的第一原则和完全数理论开始论述。

对器物的主流理解并不是器物可以检验有关世界的理论——即使是斐洛也不完全致力于此——而是器物能够按照现有的理论来制作。当然，我们的认知是有很大偏差的，因为我们的知识正是来自那些与理论的优先权有利害关系的人所撰写的技术论文。证明理论与实践之间关系的证据非常有限。

器物与权力

在古典时代末期，凯撒利亚（Caesarea）的普罗科皮乌斯（Procopius）写了六本书，其中一本叫作《论建筑》（*On Buildings*）。这不是一本建筑师指南，而是对查士丁尼皇帝（the Emperor Justinian）负责的建筑的描述，"这样，将来看到这些建筑的人就不会因为它们的数量和规模而拒绝相信它们确实是一个人的作品"。从君士坦丁堡和圣索菲亚大教堂开始，普罗科皮乌斯以相当抽象的语言描述了这些建筑，只选择性地处理了建筑技术的某些方面，并以逸事说明了建筑师和皇帝在建筑决策中的作用。由于普罗科皮乌斯也创作了其他作品，特别是批评查士丁尼（Justinian）的《秘史》（*Secret History*），学者们一直不确定如何看待《论建筑》中完全赞美的语气，以及它在多大程度上是一种口无遮拦的文学创作［普罗科皮乌斯本人在作品的开头提到色诺芬（Xenophon）和波斯国王居鲁士（Cyrus），提请注意，作家有能力提高他们所写统治者的地位］。但无论《论建筑》的地位和诚意如何，它都很好地说明了器物——特别是建筑——是权力具体化的方式。

这并不是说普罗科皮乌斯在做什么新的事情；我们已经看到，《伊利亚特》提出了新墙掩盖了旧墙建造者的声誉的问题。在建筑中看到权力的体现，这已是司空见惯。最著名的案例是6世纪的萨摩斯。希罗多德对萨摩斯的历史进行了长篇叙述，包括暴君波利克拉特（Polycrates）的权力和灭亡的故事。希罗多德之所以这样做，是因为萨摩斯人建造了萨摩斯赫拉伊翁（Heraion）的巨大庙宇、一条4000英尺[1]长的山下隧道和一个巨大的港口海堤，这是三项了不起的工程成就。希罗多德似乎认为，这样的成就需要一个充分的历史背景来解释它们所表现出来的力量。

建筑给人的印象与城市的实际力量之间可能存在不匹配的情况，这也不是什么新鲜事。修昔底德评论了斯巴达的这个问题。大约两百年后，一位名叫赫拉克里德斯（Heraclides）的作家在描述一次希腊之旅时指出，雅典给人的第一印象是令人失望的：

这座城市本身很干燥，没有很好的供水；街道狭窄蜿蜒，就像很久以前修建的那样。大多数房屋造价低廉，只有少数达到了更高的标准。陌生人第一眼很难相信这就是著名的雅典城，尽管他可能很快就会相信这一点。在那里，你将看到地球上最美丽的景色：一座巨大而令人印象深刻的剧院；一座壮丽的雅典娜神庙；一座超凡脱俗而值得一看的帕特农神庙，坐落在剧院周围，给观光客留下了深刻的印象。

1　1英尺 = 0.3048米。——编者注

在古代晚期，我们发现这个套路被颠覆了。阿米亚努斯说，当康斯坦丁二世（Constantius II）来到罗马时，他抱怨"普通报道的弱点就是它倾向于夸大一切，但在描述罗马的奇迹时它却很无力"。

如果我们相信普鲁塔克的话，那么在5世纪，一些雅典人会认为帕特农神庙过于华而不实。为了继续给人以权力的印象，建筑需要升级。因此，据说奥古斯都发现了罗马砖并留下了大理石。昂贵的材料当然有助于创造奇迹，但正如赫拉克勒斯（Heracles）所暗示的那样，它们并不是唯一需要的东西。规划也很重要。城市的网格规划经常被归功于米利托斯（Miletos）的城市规划师希波达摩斯（Hippodamos），据说他在自己的城市被波斯摧毁后重建时，把它和雅典的港口雷埃夫斯（Peiraieus）都布置在一个经过规划的网格上。但即使网格规划不是在古典时期发明的，常规规划和大的公共空间也肯定是5世纪及以后建立的城市的一个特征。在亚历山大（Alexander）征服波斯帝国之后，希腊城市生活的扩张大规模地传播了这种城市风格，并使赫拉克利德斯和他同时代的人的期望产生了变化。

希波达摩斯的重要之处在于，他意识到城市的物理布局和结构与政治和社会结构之间存在联系。正如亚里士多德所描述的那样，希波达摩斯的设计被认为是过度模式化的体现：他将城市的领土分为三部分（公共、私人和神圣），公民团体分为三部分（工匠、农民和士兵），行政长官根据权限划分为三个领域（普通人、孤儿和外国人），甚至法律也分为三类（攻击、损害和杀人）。我们不难发现，希波达摩斯认为一个城市应以创建者为荣，他把城市社区当作一个可以被物质和制度环境塑造的对象。人们住在哪里，人们见面的空间和背景是什么，决定了权力是如何分配的。

城市的规划是一种有意识的社会工程行为，从未离开过哲学家的理论（柏拉图在《法律》中对马格尼西亚城有自己的理论），但更普遍的经验是，如果政治权力要有根基，就需要在城市的物质现实中得到体现，这一点并没有消失。奥古斯都改善了罗马的结构：他将城市的一整片区域，即马提斯校园，变成了奥古斯都权力的展示地，将他的陵墓（在他死前35年建成）、和平祭坛和几个埃及方尖碑（其中一个用作日晷）布置在那里。除了这个奥古斯都主题公园，这位皇帝还在靠近共和国广场的地方建造了一个新的神坛，在这个神坛上，中心是"复仇者玛尔斯"的神庙，以纪念他击败了刺杀恺撒大帝（Julius Caesar）的刺客；罗马历史上的伟人的雕像"列队游行"，不可阻挡地指向圣殿前骑在一匹马上的奥古斯都本人。奥古斯都的成功对城市和城市中的器物的排序起到了非常重要的作用：在他去世时，元首制已经牢牢地刻在了城市的结构中。后来的皇帝只能重复他的模式。至少在阿米亚努斯看来，图拉真（Trajan）的神坛超越了奥古斯都的神坛，"在天国下，没有任何东西能与之相提并论，甚至连诸神都不得不赞叹"，康斯坦丁（Constantius）面对这种情况，能做的就是决定在马克西姆广场上竖起另一座方尖碑。

然而，罗马帝国的绝大多数居民，就像整个古代的绝大多数人一样，对通过纪念碑展示权力的意识远远不如对通过战争器物展示权力的意识。公元前8世纪，一位阿哥斯人（Argive）决定将自己的铠甲和头盔一起埋葬，几乎可以肯定这是在该城市看到的第一件这样的铠甲，从中可以看出武器和盔甲的重要性。同样，雅典几何陶器上的武装士兵和海军舰艇非常显眼，古希腊和古典时期雅典墓碑上的军事图腾也非常重要，这些都强调了军事装备对于彰显权力和地位的重要性。罗马共和国和早期罗马帝国都极力阻止军队进入罗马城，但在图拉真和马库斯·奥勒留（Marcus Aurelius）留下纪念柱之后，战斗的军队被带到了罗马的中心。但是，武器和盔甲的力量使得在生活中或在表演中穿戴它们成为一个敏感问题。古希腊的将军画像似乎只描绘了戴着头盔的将军，而不是全副武装的将军；大多数希腊政治家都是以平民装束出现在画像中；希腊时期，国王的纪念性雕像是裸体而不是穿着盔甲的。奥古斯都在普遍流行穿着铠甲的时候选择了光头光脚的形象[所谓的罗马第一门类型（Prima Porta type）]，而且这种类型的纪念品在数量上都超过了他作为祭司形象的纪念品。

就像城市和士兵一样，权力的投射不仅来自特定的器物——杰出的建筑或闪亮的武器，还来自这些器物的排列方式。罗马军营的统一性是表现罗马权力的一个重要方式。波利比乌斯（Polybius）在他著作的第六卷中描述罗马军队的篇幅比他对罗马宪法的著名描述还要多，他对罗马军营的布置方式进行了大段的描述，说这是"高贵而伟大"之物，"真正值得观察和了解"。

波利比乌斯在描述罗马军队实力时，强调了纪律、技能和勇气，科技也起到了一定的作用。用来攻击城墙的大炮尤其如此。尽管大炮的出现改变了攻城战的性质，并因此实实在在地改变了城镇的布局，但几乎没有任何迹象表明军事机械有了系统性的发展，而战争的成功始终取决于熟练的将领和勇敢的士兵。军队形成的权力与其说是他们的武器能做什么，不如说是一大批全副武装、准备战斗的士兵给人的印象。

器物与价值

奥德赛让忒勒玛科斯（Telemachos）访问斯巴达，以便了解忒勒玛科斯父亲奥德修斯的情况。墨涅拉俄斯（Menelaos）希望忒勒玛科斯多待一会儿，并承诺在离开时给他一份礼物。在拒绝延长逗留时，忒勒玛科斯要求礼物是"可以储存的东西"，并以伊萨卡没有草地为由婉言拒绝了作为礼物的马匹。墨涅拉俄斯决定送他一个带金边的银质搅拌碗。他声称这是赫菲斯托斯神的作品，是西顿国王送给他的。这件器物的价值部分在于它的珍贵材料，部分在于它的创造者和融入其中的技术，还有部分在于它杰出的前主人。

诸如这只西顿碗这样的作品在整个古代都具有价值。我们所拥有的大量晚期罗马银器——其数量远远超过古代任何其他时期的银器——要归功于罗马帝国末期的不稳定状况，这使得那些原本会被赠与或熔化的器物被藏起来以保安全。1942年在萨福克（Suffolk）发现的米尔登霍尔（Mildenhall）宝藏就是一个很好的例子。其中主要器物所采用的技术和上面的潘神（Pan）、萨提尔（Satyrs）、女妖及狄奥尼西娅（Dionysiac）的图案都标志着它们有着悠久的历史，而"尤瑟斯（Eutherios）的涂鸦"可能代表着最近的杰出所有者[1]。这些器物当然是用来展示的，但也许更重要的是，它们是用来储存财富的。

自公元前7世纪末发明货币以来，金银货币提供了比贵重金属制品更方便的财富储存方式。其他器物，如米尔登霍尔大盘（Mildenhall Great Platter），比硬币更有优势的地方是，它们除了严

---

1 尤瑟斯可能是距离现代最近的一位优秀的拥有这个器物的主人。——译者注

格意义上的经济价值外，还有其他价值，即当它们被展示出来时，不仅代表财富，而且给人以高雅的感觉。这一点在修昔底德讲述的故事中得到了很好的说明。雅典的特使被派往西西里岛的塞格斯塔市，以了解该城市是否真的能够为雅典对叙拉古（Syracuse）的远征提供重要的财政支持。特使们在每次宴会上享用的金银器皿，是从邻近城市借来的，在雅典人来访之前就在各家各户流传。但这些器皿给人的印象与其说是对所涉财富的计算，不如说是将这些器皿与超级富豪的生活方式联系在一起。如果塞格斯塔人（Segestans）都像这样用餐，那么就意味着他们一定都属于最富有的阶层。

器物作为价值承载者的作用在很大程度上取决于环境，在某种情况下被视为繁荣和先进的标志，而在另一种情况下可能会被嘲笑和谴责为奢侈或做作。亚里士多德对希波达摩斯的评论就是一个很好的例子：

为了引起注意，他做出了一些古怪的举动，这使许多人觉得他的生活方式过于考究和做作。他留着长长的头发，上面的装饰很昂贵。他穿着飘逸的长袍。长袍装饰得也很昂贵，是用廉价但温暖的材料制成的。无论冬夏，他都穿着它。

对服装和装饰品的反应因时间和地点而异，也因环境而异。在一些圣所的环境中，有特定的禁令，禁止佩戴金饰或穿着某些颜色、某种类型的服装（见第七章）。公元前4世纪末，西奥弗拉斯都（Theophrastus）写道，他认为穿太大的鞋子是乡下人的标志，携带球形油壶是一个人讨好别人的标志，而给宠物乌鸦配备梯子和青铜盾牌展露出一个人的小野心。在罗马世界，通过服装来区分角色和地位的做法变得越来越有规律，但其结果就是将重点转移到如何穿着一件衣服上。阿米亚努斯指出，这是罗马元老们衰落的一个标志：以前那些负责罗马扩张事业的元老们"与普通士兵没有区别"，而他这个时代的元老们"通过频繁的动作，特别是左手的动作，来炫耀他们的长流苏，展示下面的衣服，这些衣服上绣着各种动物形象"。

出于不同的原因，同样的器物会受到赞赏或贬低，因此它们成为明显不受正常价值评判的特殊载体。据说，愤世嫉俗的哲学家第欧根尼在看到一个孩子用手喝水时，扔掉了自己的碗，以避免别人超越他在生活上的朴素程度。同样，基督教将与财富相伴的器物视为精神财富的障碍，如基督对富有的年轻人的指示，是卖掉他所拥有的一切，或捐给穷人。但对基督教来说，对器物的排斥带来一个问题：除了通过器物，非物质的上帝如何能在这个世界上显现？

客体与非物质

实际操作由神制造的器物可能并不限于《荷马史诗》中描述的虚构经历。2世纪，希腊作家保萨尼亚斯（Pausanias）在旅行中遇到了许多据说是由神制造的器物。这类器物无一例外地具有强大的力量和潜在的危险。由于神明干预世界，干预的地点就变得特殊，无论是人们得到某种顿悟的圣地，还是人们或事物受到神明影响的某个神圣之处，都是如此。人们既需要被警示这些地点拥有特定的神力，也需要知道一些获取这种力量的设施。

神圣空间的标准希腊语是temenos，字面意思是被切断的东西。一个神圣空间形成的最低标准是能够被划分开来，要达到这个标准，一套界石（boundary stones）就足够了，雅典的阿戈拉（Agora）空间就是如此。这种界石将一片景观变成了一个器物，改变了景观的地位。在最常见的情况中，这些界石伴随着更多的器物——坚固的墙壁（如奥林匹亚阿尔蒂斯周围的墙壁），或祭坛，或供奉特定神的寺庙，或可供神拜访人类的建筑物（出于治疗或启蒙的目的），或供品，等等。

在希腊世界中，没有两个圣所是相同的。在不同的地方和不同的时间，不同的圣所吸引了不同的祭品、不同形状的庙宇（temple）和不同的活动。代表诸神的雕像有一种长期保持相对不变的趋势。在公元前5世纪，诸神获得了或多或少确定的外观，或少量的替代性外观，然后这些外观被大量重复使用。但是赋予诸神的东西很少长期保持不变，在不同的圣所也都各不相同。正如《荷马史诗》所表明的那样，诸神是有性格的。人们会根据诸神的不同性格选择赠送不同的器物。

在罗马世界中，卡皮托里（Capitoline）三神——最伟大的朱庇特（Iuppiter）、朱诺（Juno）和密涅瓦（Minerva）——成为罗马城镇和军营中非常标准化的一部分。除了这三者之外，神灵的种类不断增加，新的神继续被添加到万神殿中。这一部分是因为帝国扩张导致各种以前非罗马的神被同化；另外也是由于罗马皇帝加入了众神的领域，塞内加（Seneca）在《启示录》（Apocolocyntosis）中对此进行了讽刺。

保萨尼亚斯清楚地说明了诸神被具体化的各种方式，及其所产生的影响。他的《希腊描述》（Description of Greece）基本上是由对一个又一个圣地的描述组成的。保萨尼亚斯的研究特别有价值，不仅因为他阅读献祭碑文并告诉我们有关它们的情况，还因为他调查了围绕特定圣所的特殊故事。而各种刻在石头上和摆在圣堂里的献礼清单只是简单地列出了器物，最多只有一个简短的描述，略提及献礼者的名字及献礼场合。保萨尼亚斯的作品，以及一份公元前99年的特殊清单（被称为"林迪亚纪事"），让人们不仅把这些器物看作"值得一看"的东西，还将它们看作值得朝圣者和游客聆听的故事。

有一个特殊的圣所，即埃皮达乌斯（Epidauros）的阿斯克勒庇俄斯（Asklepios）神庙，张贴了铭文，讲述了那里发生的治疗事件。这些文字不仅告诉读者过去在神庙发生的没有留下任何物质痕迹的事件，还为他们理解在神庙中看到的一些器物的意义提供了基础。在这里，我们得知了一个故事：来自雅典的安布罗西亚（Ambrosia）不相信别人告诉她的神奇事件，于是她将一头银猪献给阿斯克勒庇俄斯，想验证自己的想法，没想到她最终得到了治愈，而这头银猪正暗示了她的无知。如果阿斯克勒庇俄斯神庙特别善于记录这样的故事，那么到神庙参观的人就会知道，他们在那里看到的器物都有类似的故事。它们是过去神对人类生活的干预的具体表现。

正如基督教挑战赋予物质对象以价值一样，它也颠覆了圣地的运作方式：一方面，用教堂内的象征性祭祀取代了圣殿外的动物祭祀（见第七章）；另一方面，建筑物内聚会替代了建筑物外聚会；但更值得注意的是，它用从书中读到的关于上帝的叙述取代了由器物表示的关于人的叙述。基督教信徒被鼓励跟随榜样，服从一个特殊的榜样——基督的指示。

这种彻底的颠覆改变了一切。曾经在寺庙祭祀中大放异彩、彰显了献礼者成就的贵重金属，重新出现在教堂的装饰上，并代表上帝在世界进行各种干预，这在《圣经》的故事里和圣徒的叙述中都有体现。有些指责认为，通过身体和房子展示个人财富是不合时宜的，某些时候这些指责也会针对怜爱穷人的"上帝之家"。显示教会权力的宏伟建筑与显示罗马皇帝权力的宏伟建筑一样，都是对社会等级制度的有效支撑。世俗历史的物证变成了救赎历史的物证。基督教会的核心信念是，人类制造的器物，即圣餐的面包和酒，可以通过非物质的行动，转化为基督神圣的身体和血液。这就为器物的文化历史增加了一个更进一步的独特维度，用霍德的话来说，此举确保了近代世界与器物的联系变得更加紧密。

第一章

器物性

罗宾·奥斯本

引言

古代晚期的物质世界与希腊早期铁器时代的物质世界是否有显著差异，这一论题在学术界争议已久。长期以来，人们都认为古代世界的社会发展基本停滞不前，技术进步微不足道，而这一切的罪魁祸首是奴隶制的盛行。奴隶制盛行不仅使劳动力变得廉价，还使其对立面，即能节省劳动力的设施成为当权者的既得利益。考古新发现，以及对古代文献明示和暗指内容的进一步考究，彻底修正了这一观点。古代世界的崩溃，加上随之而来的物质世界贫困的打击，见证了后来古罗马世界的经济生活是多么依赖于包含了整个巨大帝国的复杂的生产和交换网络。对器物性的思考可以帮助我们更全面地了解这些变化及其重要性。古代世界晚期与《荷马史诗》世界的根本差异，就在于二者构成世界的物体和处理人类与物体之间关系的方法的不同。

在古希腊作为意义承载者的物体

希腊早期石器时代，即《荷马史诗》的时代，人类有能力进行相对复杂的金属工艺加工，不管是出于实用目的（就像锻铁技术的发展史一样，先是为了铸造更锋利的剑，后是为了铸造镰刀和更高效的犁），还是作装饰之用（珠宝的颗粒化和透雕等工艺）。《奥德赛》一书曾对铁的回火做了令人难忘的逼真描述，并用把木桩插入独眼巨人的眼睛使他失明之事来作比喻：

就像是铁匠将一柄嘶嘶作响的巨大炙热斧片或刨子插入冷水中，对其进行处理以使其回火，从而使钢铁更加坚硬。即便如此，橄榄木仍在独眼巨人的眼中嘶嘶作响。

然而，金属加工技术实现的是价值。当阿喀琉斯在帕特洛克罗斯的葬礼上举行比赛时，他摆出了各种奖品。其中"一块生铁，世上唯一能够将它掷出的人只有力大无穷的埃提恩（Eëtion）；但是现在，勇猛伟大的阿喀琉斯杀死了他，夺得了这件战利品"。阿喀琉斯宣称："即使赢者有很多肥沃的土地，这块铁也足够他用5个整年。他的耕夫牧人都不会因缺铁而进城购买，因为家中的铁是用不完的。"

但是，除了这些农业方面的用途，金属加工技术还生产出在工艺和历史上都令人着迷的产品。

佩琉斯（Peleus）之子即阿喀琉斯刻摆出了为赛跑准备的奖品：一个银制的搅拌碗。这是一件艺术品，其容量只有6斗，但它的美丽远胜大地上的一切珍宝，因为手艺精湛的西顿工匠将它打造，腓尼基人（Phoenicians）渡过雾气弥漫的水面将它运至港口，送给托亚斯（Thoas）作为礼物。伊阿宋（Jason）的儿子尤涅俄斯

（Euneos）将它赠与英雄帕特洛克罗斯以买下普里阿摩的儿子利卡翁（Lykaon），使他不再为奴；现在阿喀琉斯将它作为纪念友人的纪念品。

在这个世界上，物体自身就已界定了其历史地位，划分了不可知之物与可知之物间的界限。这不仅在时间方面是正确的，在作家们描述宇宙空间感方面亦为真理。所以，赫西奥德发明了想象世界上重量最大的物体在太空中坠落来衡量世界规模的方法：

因为它的距离和由大地到阴暗的地狱一样远：一个铜砧从天空中坠落，历经9个昼夜，第10日到达大地；再一次，一个铜砧从地面坠落，历经9个昼夜，第10日到达地狱。（《神曲》）

但是，尽管这些创作于公元前8世纪末或公元前7世纪初的作品片段，显示出人们对于如何使用和表现物体的敏锐意识，但他们对这些技术为何能被发明并投入使用和对世界的本质知之甚少。

将物体放在它们应有的位置

探索世界的本质绝非易事。正如我在本书导言中所探讨的那样，它涉及理论与观察之间的复杂对话。而理论必然首先接受检验：只有在先前的猜想能通过观察被证实或否定的背景下，才能通过特定的观察催生出普遍性的结论。

人类历史只是我们理解宇宙起源的冰山一角。荷马与赫西奥德的史诗试图从人类衍嗣与政治权利这两个他们熟悉的创造性行为中理解物质世界的本质。在赫西奥德看来，推动一代人向前的原动力首先是空间，其次是大地，最后是爱（性爱）。在《伊利亚特》中，波塞冬讲述了他是如何通过抽签与宙斯和哈迪斯（Hades）三分世界的：宙斯执掌天界，哈迪斯主宰冥府，波塞冬则掌控海洋，余下的则归他们三者共有。探索世界就要认识到器物可能有一段独立于人类活动之外的历史。按理来说，关键的一点是一种物质可以转化为另一种。如果同一种物质可以是冰一样的固体、水一样的液体、蒸汽一样的气体，那么这个世界到底有多大的不同呢？万物只是另外一种形式的水吗[古希腊第一位哲学家泰勒斯（Thales）是这一著名观点的持有者]？或者是其他形式的空气[古希腊哲学家阿那克西米尼（Anaximenes）的观点]？又或者是能量或火的不同的转化形式[古希腊哲学家赫拉克利特（Heraclitus）的观点]？又或者需要诸如泥土、空气、火和水等少量不同的物质来解释千变万化的世界[所以对恩培多克勒（Empedocles）来说，爱与冲突是带来结合与分离的积极力量]？又或者说，这一切都是由微小的不可分割的部分——原子组成的？原子本身没有任何质量，但它们结合起来创造了一个丰富的世界（德谟克利特）。公元前6世纪到公元前5世纪，古希腊人将少量的观察结果与智慧理论结合起来，迅速探索出可能构成世界的全部方式。

这些理论的关键在于，通过引入非生物繁殖或人类政治生活的过程，将器物世界从人类世界分离出来。他们认为，在无限多样的特定器物背后，潜在的问题范围更有限，也更容易处理。更重要的是，物质世界的转变是不受任何超自然力量影响的。这并不意味着不存在超自然力量，但它们的介入对于人类所生活的物质世界来说并不必要。这一观点仍然存在争议，反对此观点的人则被贴上"有魔法"的标签。

与哲学家的思想实验相结合的是对实践的实际理解。尽管现存最早的力学著作是亚里士多德的《机械问题》（*Mechanical Problems*），且拜占庭的克特西比乌斯（Ctesibius）、阿基米德（Archimedes）和菲罗（Philo）的著作只能追溯到公元前3世纪，但使用简单的机器，如杠杆、绞盘和（复合）滑轮，可以追溯到公元前6世纪。很明显，从滑轮的例子中可以看出，亚里士多德的力学问题并没有完全理解其工作原理，在这里，实际应用先于理论理解。但这种实际应用本身改变了人与物体之间的关系，改变了个人在与物质世界的关系中所能完成的事情，并清楚地表明，这种转变可以在不改变物体本质的情况下实现。

这些简单机器在概念上的重要性不应被低估，因为它们不再把人作为衡量标准。一个人在物质世界中所能做的事情取决于他能得到什么样的机械化帮助。公元前5世纪晚期，普罗泰戈拉（Protagoras）阐明了"人是万物的尺度"的原则，其中人类衡量的是事物的存在，而不是它们的品质。至少在某些关键的方面，人类与器物现在没有相一致的关系，他们的关系是通过其他对象来调节的。

哲学家的理论和建设者发明的实用工具都以不同的方式鼓励对物体世界进行分类。在史诗的世界里，当一个物体变成另一个需要移动的大物体时，赋予它价值的独特属性就变得无关紧要了。在逻辑上，对所有问题进行分类先于找到解决问题的方法。但是，正如机器的发展长期以来一直伴随着对机器工作原理的解释一样，对物体进行分类和编目的理论工作——既绘制了世界资源的地图，又展示了这些资源的用途或可能的用途——也是在这种分类付诸实践很久之后才开始的。

哲学中与文化无关的器物

公元前5世纪到前4世纪，解释物质世界不断发展的理论，和实际处理这个世界的能力共同引起了一场非凡的哲学骚动。如果世界真的是由土、气、火和水组成的，或者真的是由原子组成的，那么除了了解这个事实之外，还有可能进一步了解这个世界吗？个体所感知到的，只是他们对某种元素组合或某种原子组合所具个性的感知。公元前5世纪，哲学家巴门尼德（Parmenides）的观点很极端，他认为唯一可以被认识的现实是单一且不变的，这是存在的方式，其他一切都是表象的一部分。很少有人会完全赞同巴门尼德的观点，但他的观点有助于将问题从存在的事物转移到可以被认识的事物。

众所周知，在柏拉图的对话录（dialogues）中，最重要的内容是关于什么是已知的问题。柏拉图讨论了特定的美德及其他品质的本质，他提出了一个什么是"x"的问题，罗列出了一个包含知识本身的表，其中"x"代表诸如虔诚、美丽、勇气、正义等品质。柏拉图坚持认为，要想知道某物是什么，就必须能够解释为什么会这样，还需要把x和其他物体区分开来。在《理想国》中，考虑到任何虔诚或勇敢的个人行为在其他情况下都可能是不虔诚或懦弱的，并且在此处美丽的器物在彼处都可能显得平淡无奇甚至丑陋，柏拉图认为，唯一稳定的实体是那些纯粹的"x"，即柏拉图式的"形式"或"思想"。

有些人注视着许多美好的事物，但他们既看不到美本身，也不追随那些引导他们走向美的人。他们承认许多正义的事，但不承认正义本身。他们的观点完全是信仰问题，他们对自己信仰的对象一无所知。（《理想国》）

"形式"对柏拉图来说是基本事实：

关于什么是美的许多传统观念在纯粹的现实和纯粹的不现实之间摇摆。(《理想国》)

坚持这一点，实际上就是坚持在物质世界中，只有原子或元素是已知的。在《泰阿泰德篇》(*Theaetetus*)中，柏拉图拒绝了元素不可能被认识的解释。

包括柏拉图在内的哲学家讨论的重点，是将知识的对象与感官世界的对象分离开来。知识仅限于世界的基本结构；在我们生活的世界里，知识是不可能存在的。这种说法即使不自相矛盾，至少也是违反直觉的。它把所有重心放在理论上，而很少关心人们如何才能更好地了解构成我们文化的事物。事实上，它确切地否认了了解器物文化史的可能性。将感性世界带回哲学的讨论中是亚里士多德的成就。

亚里士多德坚持认为，知识的对象必须具有一定的普遍性。我们知道一个三角形的内角总等于两个直角的和，因为这是恒定的事实。有些事情从定义上来说是真实的；另一些事情的真实性则是因为存在与之相关联的解释，例如，当一只动物被献祭时我们知道它已经死了，是因为献祭包括杀死这只动物[《后分析篇》(*Posterior Analytics*)]。但亚里士多德放宽了这种普遍性要求，即一件事的发生不是偶然的，而是"在很大程度上是可以解释的"。

有些事情是普遍发生的（它们或者总是以这种方式发生，或者在任何情况下都是如此）；另一些事情并不总是以这种方式发生，但在大多数情况下是这样的。例如，不是每个人的下巴上都有毛发，但大多数情况下都是这样的。(《后分析篇》)

要理解某事，我们不需要知道它是普遍正确的，而只需要知道它在很大程度上是正确的。（参见《后分析篇》）

与数学世界的器物不同（比如三角形的例子），自然界很少有事物是通过定义或相关性解释来确定其真实性的。但正如亚里士多德所坚持的那样，自然界是有稳定秩序的：

所有的物都以某种方式排列在一起，但不都是这样，包括鱼、鸟和植物。世界上的物与物并不是完全孤立的，而是相互联系的，因为所有的物都是被安排在一起的……[《形而上学》（*Metaphysics*）]

有了这种稳定有序的安排，自然世界就变得可知了。

这种对已知事物的重新定义，构成了希腊哲学方向的显著变化，但它并非凭空而来。希波克拉底（Hippocrates）著作中的医学研究，通过详细的病例史等手段系统地描绘了"始终或大部分"真实情况，描述了患者在疾病过程中不断变化的健康状况。医药的分类发展早且范围很广，这并不是偶然。在这里，分类不仅是出于学术上的目的，更是因为正确分类症状是进行适当治疗的先决条件。2世纪，盖伦医生大量的著作中，包括了一篇描述多种脉搏的论文。

然而，亚里士多德及其学派[亚里士多德对动物的研究，以及他的学生泰奥弗拉斯托斯（Theophrastus）对植物和石头的研究]的著作却是描述世界的分水岭。早期的作家或多或少地对非希腊世界某些地区的风俗和文化进行了广泛的描述，正如希罗多德将波斯帝国各个地区的风俗和文化作为理解希波战争性质的必要背景一样。但这些描述都集中在人的习惯上，并与这些人的过去密切相关。亚里士多德和他的学生们所做的就是将人们的注意力从人类文化世界转移到自然世界。事实上，他们试图写作的东西可以被描述为一种与文化无关的器物史，或者说至少是那些受文化影响最小的器物的历史。

客观性

哲学家们关心的是什么是可能的，是关于客观性的。如果某一器物的样子取决于感知它的人或它被感知的环境，那么这一器物不是一个物体，而是多个物体，并且不可能被认知。这不仅是评估某物是否公正、美丽或它是蓝色还是紫色的问题，而且是评估任何发生的事情的普遍问题；同时这不只是一个关于现在的问题，因为它不仅影响了正在发生的事情，也影响了已经发生的事情。人们对"世界认知的相对性"的认识不断提高，从而刺激了哲学讨论；同样，如果要理解过去行为的意义，就需要了解其背景，这也推动了历史的撰述。

虽然在公元前500年，名动一时的地理学和历史学的领军人物米利都（Miletus）的赫卡泰乌斯（Hecataeus）的著作已经失传，但其《历史》（*Histories*）的开篇被后来的作家引用：

米利都的赫卡泰乌斯做了这样的描述：我写这些事，因为我觉得它们是真实的；在我看来，希腊人的故事很多，也很有趣。

作为现存最早最完整的著作的作者，历史学家希罗多德在公元前5世纪下半叶撰写的《历史》一书的序言更为隐晦，但意思相同：

这是已出版的希罗多德对哈利卡那索斯（Halicarnassus）的调查报告，目的是使人们所做的一切不会因时间的流逝而消失，也不会因那些由希腊人或非希腊人所表现出来的伟大且非凡的事迹而失去名声。

很明显，就希罗多德而言，有可能抹杀过去并摧毁其声誉的是人们对过去的扭曲。希罗多德在《历史》中不断地引用不同人对过去的不同看法，他用不同的看法来解释人们为什么会抱有怀疑，正如他后来在作品中所写的那样，"我有责任说出别人说过的话，但我没有任何责任去相信它"。

对于古希腊和罗马的历史学家来说，核心问题是如何确定过去到底发生了什么。修昔底德指出，人们相信关于过去的事情，但没有批判性地审视它们，只是简单地采用现成的版本；诗人和散文家都在美化他们的叙述，他们不是为了真理，而是为了吸引听众和读者。修昔底德阐述伯罗奔尼撒战争（the Peloponnesian War）时所采取的方法是：找到那些当时在场的人，并比较他们的叙述——这些叙述由于个体的主观感受或遗忘而被歪曲；重构了每个人所说的话，表达他们想表达的感情，同时尽可能地保持他们所说话的整体意义。无论修昔底德这样做是否正确，他都在试图确定说话者是在客观叙述，而不是在表达主观印象。

修昔底德试图建立客观真理，是因为他认为历史应该成为"永恒的财富"。正如亚里士多德断言自然界的存在模式一样，修昔底德也认为，根据人类的本性，人们可以在对过去的准确描述的基础上预测未来。

尽管一些历史学家持续声称他们的工作对那些在未来参与类似事件的人是有用的[参见波利比乌斯的《历史》（Histories）]，但历史神奇的点使人难以置信，即历史总是相似的。历史没有办法摆脱这样的困境，对事件的主观感知和反应可能比客观行动更重要。历史学家是出了名的吹毛求疵，总是随时准备因无知或方法失误而互相攻击。历史学家所能做的最好的事情就是，声称他们的叙述至少没有受到自身个人偏见的影响。正如塔西佗（Tacitus）在《编年史》（*Annals*）开头指出的那样，他可以不带愤怒或热情地写下过去的事件，为现在的行为提供指南。

与历史客观性的兴衰相平行的是地理客观性的发展。在古代世界中，历史和地理是紧密相连的，赫卡泰乌斯不仅描写历史还描写世界，而希罗多德则将历史和地理紧密地交织在一起。但是，仍有人用不同的方法试图将地理学变成一门客观的科学。有一种传统观点认为，地理是描述世界规律的学科，人们不断地尝试将世界划分成大致相同的区域。这些尝试引起了一位地理学家对另一位地理学家的攻击，就像一位历史学家对另一位历史学家的攻击一样，奥古斯都统治时期，斯特拉博（Strabo）所撰写的《地理学》（*Geography*）第2卷的开篇就充分证明了这一点。在这一传统中的学者对世界进行了一些非常精确的测量，但他们的工作几乎很少承认人类在世界上的地位或政治地理学的地位。

斯特拉博的《地理学》是现存最伟大的古代地理著作之一。该书共17册，从荷马时代开始，广泛地描述了过去的世界。《地理学》一方面是一部地理历史，因为它追溯了早期作家对世界的描述；另一方面是一部历史地理，因为它描述了全世界人类的历史。其中一些观点基于个人经验和地方的特殊性，例如在《地理学》第8章，描述从阿克罗科林斯（Acrocorinth）出发的景色时，他明确宣称自己抵达了那里。其他观点则是学者界公认的——在小亚细亚（Asia Minor）不同地方，如米蒂利尼（Mytilene）、别加莫（Pergamum）、安提阿论米安德（Antioch on the Maeander）、米利都、尼萨（Nysa）、罗德斯（Rhodes）、克尼多斯（Cnidus）、哈利卡那苏斯（Halicarnassus）、科斯（Cos）、迈拉萨（Mylasa）、塞琉西亚论卡利卡多斯（Seleuceia on the Calycadnus）、塔尔苏斯（Tarsus），斯特拉博通过列举同时代的作家和演说家，将自己置身于理性世界之中。书中也有一个来自罗马的政治观点，聚焦于空间和时间，这一点再清楚不过了。在这本书的结尾，斯特拉博首先介绍了罗马人征服的地区，然后介绍了这些地区划分为各省的情况，明确列出了奥古斯都建立的两个领事省和十个总督府省，然后指出"由恺撒统治其他省"，并用一句话来结尾："王朝、国王和君主制始终是属于恺撒的一部分。"

罗马将世界转变为可知的器物，并使"客观性的尝试"变得不必要，最显著的证据来自古代保存下来的非凡的老普林尼（Elder Pliny）的《自然史》（*Natural History*）。老普林尼声称，他阅读了100位作者的大约2000卷书，编纂了36本书，包含2万个事实。他把这部作品献给了提图斯皇帝（the emperor Titus），但他告诉提图斯并不需要读它。老普林尼非常重视皇帝的时间，他在第1册书中提供了一个目录，这样皇帝就不必阅读这些书了。对老普林尼来说，古希腊和罗马的知识征服了世界，因此他知晓一切。老普林尼的分类功绩是惊人的，但令人惊讶的是，他的分类与启发福柯的博尔赫斯（Borgesian）的分类有很多共同点。

老普林尼有条不紊地开始他的工作：

第3册包含：（1—3）世界是否有限，是否只有一个；在形式上；关于它的运动；为什么它被称为世界。（4）关于要素；（5）论上帝。（6）关于行星的性质。（7）在夜晚的月食和日食。（8—10）关于恒星的大小，以及人们通过观察天空发现的东西……

但在第3—6册书带我们参观世界各国之后，他在第6册书末尾称，他曾处理过1195个城镇、576个种族和115条著名河流的问题。他在第7册书中谈到了人类：

第7册书包含：通过著名的例子展示，（2—3）身材出众的民族；神童的出生。（4—11）人类是如何诞生的；怀孕时间从7个月到13个月不等；孕妇生产前与性有关的体征；手术分娩的畸形分娩；沃皮斯卡（vopiscus）的含义（沃皮斯卡是一个拉丁语的早期名字，或个人名字，在罗马共和国时期偶尔使用，后来作为一个词源，一直延续到帝国时代）；人的观念；人类如何成长；相似案例；多胞胎的例子。（12）生育年龄限制。（13）怀孕时间长。（14）生成本体论。（15）牙齿调查；对幼儿的调查。（16—17）大型示例；早产。（18）杰出人物；卓越的实力；极速；特殊视力；卓越的听力；身体耐力。（14—16）记忆；精神活力；怜悯；宽宏大量……

在这里，我们通过一部分人类的成就，将关注点从人类生物学转移到与道德性质有关的本质问题。这种从对物质现实的描述到用道德术语对所讨论的对象进行语境化描述的错位，不仅仅发生在所描述的对象是人类时。以第37卷开头的内容描述为例：

第37卷包含：（9）宝石的起源；关于暴君波利克拉特斯（Polycrates）的宝石；关于皮洛士（Pyrrhus）的宝石；谁是最好的雕刻师和哪个是最好的雕刻标本；罗马的第一批戒指收藏；庞培大帝（Pompey the Great）胜利时携带的宝石；当鼠形花瓶第一次被进口时；奢侈品与宝石；它们的本性；岩石－水晶（rock-crystal）的性质；从宝石中提取的药物；奢华的岩石－水晶……

老普林尼的器物与故事联系在一起。它们深植于历史之中，不只是为了沉思而献身，而是活跃在一个由政治权力塑造的世界中。

法律关系中的器物

也许，以法律为媒介是罗马用政治力量改变世界的普遍方式。在法律层面上，器物的构成问题是人与世界关系的根本问题。有关知识产权的内容，我们可以追溯到14世纪英国的专利文件，以及15世纪佛罗伦萨和威尼斯的专利文件中对产品和制造技术的法律保护。但是，"人们可以拥有表达思想的权利"的概念并不早于印刷术的出现。事实上，第一部版权法是1710年的英国法令，其标题为"鼓励学习的法案，在法案中提到的时间内，将印刷书籍的副本归属于作者或购买者"。版权和知识产权观念的不断延伸，映射了西方社会理念的变化和价值观的变化。

政府介入保护新发明的观念在古希腊世界并不是完全陌生的。历史学家菲拉丘斯（Phylarchus）宣称西巴里斯（Sybaris）人有一条法律，规定发明特殊菜肴的厨师拥有制作该菜肴一年的专有权，以鼓励其他人进行类似发明。这个故事表明，保护具有商业价值的创新器物是有可能的。

古希腊城邦对于法律关系中器物的分类似乎发展得相当缓慢。虽然雅典的诉讼当事人区分继承财产和自得财产，暗示处理前者要比处理后者糟糕得多，但在法律上并没有这样的区分。与此相类似的还有，有形财产和无形财产之间的区别，它们通常是由雅典法庭上的陈述者作出的，但这两类财产的具体所指似乎因陈述者而异。在古希腊城邦中，当流亡者的财产被没收并出售，但流亡者又在政变后返回城市时，经常会出现纠纷。这些纠纷清楚地表明，尽管法律可能要求采取各种公开销售手段，但没有正式的登记册来区分土地与其他财产。

这与罗马法（Roman law）的情况形成了鲜明的对比。罗马法学家盖乌斯（Gaius）写于2世纪晚期的著作，在第2卷的开篇，通过一系列的区分，列出了与事物相关的法律：在神圣律法下的事物（神圣的、宗教的事物）和人的律法下的事物（既可以是公共的、不属于个人的，也可以是私人的事物）之间，有形和无形事物之间，以及能不能控制的事物之间。刚才提到的区分似乎是罗马法中最早的，可以追溯到公元前5世纪中期的《十二铜表法》（the XII Tables），它将农业生产中使用的东西单列出来，通过特殊仪式进行转让。正如刚才的例子所表明的那样，这些类别是逻辑划分和历史积累相结合的结果。

只要仔细研究盖乌斯描述的细节，我们就会发现，这种对事物的分类远没有这些划分所显示得那么清晰。在其中一个类别中，什么是重要的取决于一系列复杂的因素，包括它在哪里，它是如何在当前状态下形成的，以及它是如何获得的。那些献给神的东西是神圣的。但只有罗马人民的权利、法令或元老院的决议，才能使土地神圣。宗教的东西是留给地下诸神的。只要埋葬者承担确保尸体被埋葬的责任，土地就可以通过埋葬尸体而变成宗教土地。各省的土地虽然被视为宗教土地，但由于土地为罗马人民或皇帝所有，因此在法律上不能成为宗教土地。无形的东西特别复杂，因为它们实际上远非无形。它包括法定权利、继承权、用益权和契约义务。遗产或契约义务由物质组成这一事实无关紧要。一般来说，无形的东西不能被奴役，而土地、奴隶或驮畜却可以。因此，作为遗产一部分的土地或奴隶与在其他情况下获得的土地和奴隶大不相同。盖乌斯认为，在非罗马人中，某人要么拥有某物，要么不拥有它。而在罗马人中，某人有可能成为某物的所有者，而另一人也同时拥有前者的财产。"因为如果我既没有控制一个东西，也没有在法庭上把它转让给你，而只是把它交付给你，那么这个东西肯定会成为你财产的一部分；在另一方面，它将一直属于我，除非你取得并拥有它。"同样，一个人的法律地位如何，取决于所涉对象的性质：未经监护人授权，无论是女性还是被监护人，都不得转让其所持有的器物；在部分情况下，女性可以转让器物，被监护人则不行。

这里的重点不是探索罗马法的细节，而是揭示罗马法的结构是如何改变器物性质的。这不仅仅是区分不同类型的器物，赋予它们不同的法律地位，而且是根据它们的位置或它们与人类关系的特定历史，区分相同类型的器物。罗马人试图直面人类处理事物的复杂方式，将这种纠缠形式化。

器物之间的交换

在《荷马史诗》中，当需要评估某一器物的价值时，通常是用牛来衡量的。关于格劳科斯（Glaucus）用他的金盔甲换狄俄墨得斯（Diomedes）的铜盔甲是否明智的问题，是以金盔甲价值100头牛、铜盔甲价值9头牛来评估的（《伊利亚特》）。当阿喀琉斯在帕特洛克罗斯的葬礼上为摔跤比赛颁奖时，我们不仅了解到提供给胜利者的三足鼎和"擅长用双手工作的妇女"[1]的价值（以牛为计量代为），

---

1 "擅长用双手工作的妇女"也是给胜利者的奖品。——译者注

而且知道"亚细亚人对三足鼎的估价是12头牛……对妇女[1]的估价是4头牛"（《伊利亚特》）。选择牛来衡量物体的价值，一方面是牛能够代表大部分物体的价值，另一方面是因为牛是会死的动物，这就避免了任何可能的误解，认为这只是一头特定的牛。但牛只能作为衡量价值的手段。它们的易逝性使它们无法成为某种财富的存储方式，它们的大小也使其无法成为一种交换手段。

《荷马史诗》对交换的方式没有什么兴趣。我们仅仅知道，伊姆罗兹岛（Imbros）的埃提恩为了赎回被阿喀琉斯俘虏并售卖的普里阿摩的儿子付出了巨大的代价（《伊利亚特》），尤马埃乌斯（Eumaeus）的母亲承诺购买一条由腓尼基商人兜售的精细的金项链（《奥德赛》），莱尔提斯（Laertes）用自己的财产买下了尤马埃乌斯（《奥德赛》）。交换手段所要求的是普遍适用性。在这个世界里，它是可以转换的——可以被吹嘘为权力和财富的象征，可以作为礼物赠与他人，也可以用来交换某物或某人——因此器物变得令人向往。也就是说，获取不易腐烂器物的一个原因是，它们可以作为一种交换手段。评估器物的价值越容易，它作为一种交换手段就越安全、越有用，因此就更需要使用具有较长保质期的相对标准化的器物。我们可能会想，早期铁器时代古希腊随处可见的小物件，比如科林斯式（Corinth）的香水瓶或陶土织机的重量，是否与它们作为小额零钱的用途有关。

在《荷马史诗》中，阿喀琉斯用一块生铁作为帕特洛克罗斯葬礼游戏的奖品。在战车比赛中，他提供了5个奖品，第4个奖品是两

---

1 指"擅长用双手工作的妇女"。——译者注

枚金币（《伊利亚特》）。生铁显然可以用来制造其他东西，黄金也提供了类似的可能性。而且黄金还有其价值的优势。黄金是《荷马史诗》中唯一以重量来衡量的东西。任何供给相对短缺而需求相对旺盛的物质，都可以只根据重量来估价。在罗马，青铜和金条一直使用到公元前3世纪，一些遗留下来的巨大金条储备证明了这一点。但是，如果将黄金作为一种交换手段，按重量标准化的单位进行交换，就会产生更显著的优势。这对那些自己不经常参与货物买卖从而对日常器物的相对价值了解较少的人来说，尤其有利。但谁来保证物质的纯度和重量的准确性呢？

大约在公元前7世纪末，吕底亚人（Lydians）开始生产银锭。银锭是一种重量固定的天然合金，这是我们所知道的第一种货币。金银合金，又称白金，其优点是内在价值高，缺点是它是金银比例不同的合金，价值难以评估。一些迹象表明，试图通过锻压加工标准化砝码来"固定"银金矿价值的方法并没有奏效。公元前6世纪，吕底亚人改用金和银而不是银锭。但是，锻压加工成型的想法开始流行起来，尽管刚开始的时候发展缓慢。到公元前6世纪末，爱琴海两岸和爱奥尼亚（Ionic）海两岸的古希腊城市都在生产不同的货币。

尽管早期的希腊货币与同等重量的白银等值，但最早的吕底亚银币似乎被故意从其天然合金中稀释，这可能意味着它们的价值被高估了。货币制度建立了这样一种可能性，即交换物的价值不是器物本身固有的，而是由某种权威按照惯例确定的。从这个角度来看，硬币是法律对象，其价值是由外部决定的。但在古希腊，硬币从来都不是简单的象征物，硬币价值与硬币所含金银价值之间的任何差异都可以被认为等同于硬币所带来更大便利的价值。[1]这使得硬币能够在政治权力授权的地区之外流通。

金属货币的发明对经济的重要性不易评估。经常有人认为，货币所带来的一切都是物物交换所无法实现的。但这是难以置信的。在《奥德赛》中，绑架尤马埃乌斯的腓尼基人"在他们的船上储存了无数美丽的东西"。那些依靠货物交换货物的人不可避免地获得了一大堆不同的东西。这些东西的共同特点是，它们被大众渴望，并具有吸引力。由于他们无法详细知道自己将获得什么，也无法事先决定在哪里能最好地处置自己获得的东西，因此他们四处流浪。但在古希腊晚期及整个罗马世界，商人都不这样做。他们专门生产特定的产品，并提供给他们事先预约好的市场。他们可以这样做的原因是，他们已经知道要用这些商品交换什么。货币流通促进了整个贸易模式的发展。

比起在地中海地区的交换或当地的重大投资，金属货币在日常生活中可能更为重要。古钱币研究的一个显著进展是，有人发现，与早期学者的主张相反，从一开始，希腊银币就经常包括辅币（fractional coinages）。当必须对金子进行检验（至少是视觉上的）和称重时，或者当某一特定器物的价值有待商榷时，交易的烦琐性使得只有在所购买的商品数量巨大时才值得进行交易。尽管睦邻互惠有其问题和局限性，但就像赫西奥德指出的那样（《工作与生活》），交易小型器物比任何正式的交换都有效。货币改变了这一切。零钱为日常器物的交易

1　硬币价值远高于本身所含金银的价值，比如只论金银可能是一块，硬币的面值是十块，那这个差价，就是硬币自身带来的"便于结算"的价值。——译者注

提供了一种支付方式，结清了账单，不留下互惠义务。货币的价值并不取决于人的需要，因为它可以被转换成任何东西。它是不朽的，在交易的过程中很容易储存，并且能够保持其价值。

在日常生活中，金属货币使经济和社会发生了巨大的变化。专业销售小价值器物成为一种可行的职业，并且商业关系可以扩展到与之有社会关系的人的圈子之外。不管我们在传统铭文中发现的各种职业名称是否代表主导个人生活的职业，还是仅仅简单区分他们与其他人在日常生活中的差别，可以说，在铸币出现之前，专业知识的传播实际上是不可想象的。尽管借贷在古典城市中持续存在，但货币已使经济关系得以在社会关系圈之外进行。如果像一些学者认为的那样，货币的发明带来了某些对立，那么当货币贬值，甚至被淘汰时，权与钱在直接的商品交易中则至关重要。正如西梅尔（Simmel）所指出的那样：

货币交易的一般客观性与货币交易关系的个人特性存在着不可逾越的鸿沟。金融交易的理想对象是对我们完全漠不关心的人，既不支持我们也不反对我们。

铸币的发明给希腊世界带来了一种独一无二的东西：一种既完全独立于人类行为，又完全依赖于人类政治结构的存在和意义的东西；一种不具有或无法获得个体身份，但始终且仅仅存在于一个集合中的物体；一个物体可以成为任何东西，但在某种意义上，它本身什么也不是，仅仅是一个抽象概念的承载者。铸币还鼓励希腊人以不同的方式思考世界。例如，认为观察到的多种事物都可能转化为单一事物，在空间和时间上保持不变，自给自足，并受到限制（公元前5世纪的希腊思想家巴门尼德认为这些特质是存在的）；或者认为所有事物都可以通过一个单一的尺度来评估，就像普罗泰戈拉声称"人是万物的尺度"一样。或许更重要的是，货币流通依赖于最初的授权行为、群体协议，但又能够独立运作，这为衡量国家的需要、个人的自由及其局限性提供了一个模板。

这些思维模式不需要货币来维持，但货币的经济效益需要货币体系来维持。货币信托从一开始就存在，但没有那么重要，因为信托退出货币体系始终是可能发生的。通过将银币变成金条来保留其大部分价值，这确实是希腊硬币在希腊以外的各个地区的使用方式；随着时间的推移，以及在硬币逐渐成为代币的趋势下，这变得越来越重要。如果没有授权，货币就变得一文不值。罗马政权的崩溃体现了这一点，最引人注目的是罗马不列颠（Roman Britain），在经历过4世纪的繁荣之后，五六世纪，货币和车轮制陶器逐渐消失了。罗马帝国在其他地方继续铸造钱币，但在非洲汪达尔（Vandal）和东哥特意大利[1]（Ostrogothic Italy）以外的西罗马帝国（the Western Empire），只有高价值的钱币仍在铸造。没有完整的货币体系，自奥古斯都以来西罗马帝国的经济就崩溃了。

有形商品

在元首制发展的过程中，罗马皇权变得越来越大。屋大维（Octavian）通过纯粹的军事力量成为第一位皇帝——奥古斯都。公元前31年9月，他在阿克提姆（Actium）大胜安东尼（Antony）和克利

1　东哥特意大利是一个王国。东哥特王国，官方名称是意大利王国。作者应该是将两个名词混在一起写了。——译者注

奥帕特拉（Cleopatra），牢牢掌握了罗马及其各省的控制权。45年后，奥古斯都去世时，他已经巩固了帝国[通过大规模的军事行动，整顿边界，将罗马帝国的疆域从大西洋延伸到幼发拉底河（Euphrates），从莱茵河延伸到撒哈拉]，加强了军队（重组后只效忠于皇帝）及政府（结束了公职选举，各省主要由皇帝自己选择官员管理）。没有人拥有能与奥古斯都匹敌的权力，甚至没有人能与奥古斯都匹敌。奥古斯都出现在帝国各处成千上万的半身像和雕像中，也有少数例外，比如他和女神罗玛（女子名，罗玛来源于拉丁语，取自罗马城市名）一起出现在马格纳城。奥古斯都及其继任者[从提比略（Tiberius）到克劳迪亚斯（Claudius）]都把自己的雕像放在人类活动范围内，或者至少接近人类活动的范围。然而，尼禄皇帝比较过分，他给自己雕刻了一尊30米高的巨像，摆在他位于罗马中心的新宫殿——金屋的入口处。

尼禄死后，朱利奥－克劳迪亚斯（Julio-Claudian）王朝结束，罗马的皇帝不再独掌大权，功绩卓著的前任皇帝的后裔或其领养的后裔参与统治。结果，他们的实力不断增强。尽管尼禄的继承人弗拉维安（Flavian）嘲笑尼禄的巨型雕像，但韦帕芗（Vespasian）、提图斯，可能还有多米提安（Domitian）都在罗马建造了超过4米高的雕像。图拉真与弗拉维安没有血缘关系，他热衷于通过军事战役和建筑工程来巩固自己作为新奥古斯都的地位，他建造了一个巨大的广场，装饰着大量的巨型雕像。很久以前，人们就在考古基地上看到了安东尼努斯·皮乌斯（Antoninus Pius）的巨大雕像；最近在萨加拉索斯（Sagalassos）的发掘也发现了哈德利安、马库斯·奥里利乌斯（Marcus Aurelius）和安东尼努斯·皮乌斯的妻子福斯蒂纳（Faustina）的巨大雕像。学者们怀疑，在罗马，最初建造大理石巨像的皇帝是哈德良（Hadrian），后来，马克森提乌斯（Maxentius）皇帝、君士坦丁大帝（Constantine）都相继建造了雕像。3世纪末，罗马帝国一分为四，这位伟大的皇帝君士坦丁和他的儿子们霸气归来。君士坦丁需要宣称自己拥有巨大的优越性，以证明自己能够夺回帝国的唯一控制权。一个巨大的君士坦丁铜像（可能原来是尼禄），还有巨大的大理石像，在罗马幸存下来。

皇帝面临的问题是如何找到使自己与其他人区别开来的方法，以增强自己的权威。历史学家安米亚努斯·马塞利努斯（Ammianus Marcellinus）对君士坦丁的儿子康斯坦丁二世（Constantius II）抵达罗马的情形进行了精彩的描述：

当他被称赞为奥古斯都时，（君士坦丁）并没有因为从山上和海岸传来的雷鸣般的喧闹声而感到战栗，而是表现得安如磐石，就像在他的行省内一样。因为，当他穿过高高的大门时，他弯下身来，直直地凝视着，就像一个男人那样。他好像脖子被固定住了，既不向右也不向左转头，而且从来没有人看到他在车轮摇晃时随之转头，也没有人看到他吐口水、擦脸或擦鼻子，也没有人看到他移动手。虽然这种行为是矫揉造作的，但这和他私人生活的其他方面都表明了他非凡的忍耐力。正如人们所认为的那样，这种忍耐力只属于他一个人。

皇帝把自己变成了一座雕像，以神的形象宣称拥有神一样的权力。

奥林匹斯山的众神为有权势的人提供了一个基本的模板，但神不是人。神的问题一直是如何创造一种不属于人类的巨大力量，这种力量可以理解为与人类的力量相对应，但比人类的强大得多。解决办法是，制作出一个外形突出的人像，但其突出的外观是因为它不是完全的人；如同赫密士（Hermes）和赫卡特（Hecate）的雕像，其突出的地方是它由黄金和象牙等珍贵材料制成；或者是像阿米克莱（Amyclae）的古代阿波罗（斯巴达，波萨尼亚斯），或帕特农神庙（Pheidias）的雅典娜雕像或宙斯雕像一样巨大。非物质的权力必须以物质的形式表现出来，而且形状和物质都很重要。

神物化世界的方式最能揭示古代物质世界是如何获得意义的。历史学家希罗多德认为，荷马和赫西奥德向希腊人传授了神的由来，赋予所有神名字、荣誉和艺术，并宣布了神的外在形式。但是，如果说是伟大的诗歌文本首先激发了视觉艺术，那么艺术家创作的图像则主导了古希腊和罗马的想象力。这些图像不仅有不同的尺寸，还有黄金或青铜的耀眼效果，大理石唤起对肉体柔软触感的向往，并吸引人们拥抱它们[如克尼多斯的年轻人拥抱阿佛洛狄忒（Aphrodite）裸体雕像的激动人心的故事]。通过唤起过去的艺术风格，艺术家重拾岁月带来的敬畏（因此，阿波罗和雅典娜的雕像一直保持着它们在古老时期的模样），以及艺术技巧带来的纯粹的魅力。

但是将诸神物质化并不只是简单地以人类的形式表现出来，它还意味着构建这些表象。相似的，希腊和罗马的神庙通过各种材料来表现神的力量。在雅典卫城的神庙中，我们可以看到使用大理石后令人炫目的效果；在厄瑞克修姆（Erechtheum）神庙和雅典娜·耐克（Athena Nike）神庙中，大理石让精美的建筑成为可能，就像在帕台农神庙中，选择了八柱而不是六柱的外墙，从而增加了33%的额外视觉效果[1]，这是质量和反射力的合力结果。从克基拉岛（Corcyra）古老的阿耳忒弥斯（Artemis）神庙的蛇发女怪到巴斯（Bath）的苏里斯·密涅瓦（Sulis Minerva）神庙的长着胡子的蛇发女怪的变体，我们有各种形式的户外雕塑和其他雕塑。而且我们有宏大、开阔的环境：无论是城市的天井，还是悬空梯田，或者是与世隔绝的遥远山峰，都让人感到震撼。

基督教在犹太教的反偶像主义和古希腊－罗马哲学的神学敏感性上摇摆不定，进一步扩大了神权实现的方式。他们坚持认为基督的身体就是面包和酒，这使得这些日常用品[2]以权威的面包印章、复杂的象牙雕刻，或者带有浮雕场景或镂空装饰的酒壶、圣杯的形式成为制作的重点。但是，祭神的筵席上所提供的祭祀肉，以前通常是带回家最后食用，后来则变为可立即食用的面包和葡萄酒，同时也改变了神力表现的要求：神力不再需要永久展示，可能随时都可以看到；或者我们需要一个空间，让神在某一特定时刻向他的子民显示自己的神力。希腊和罗马的神庙曾经只是神和给神供奉器物的场所；基督教堂需要同时招待所有的礼拜者，以举行神出席的仪式。这改变了所需建筑的大小和所提供空间的性质。它还改变了环境的作用，从提供静态展示柜变为提供活动材料的动态过程，如静态的香炉被摆放香炉这一动作所取代。而在古希腊和罗马的祭祀中，牧师并不是必要的存在；但在基督教的礼拜仪式中，人类则是仪式中显示神的力量的关键部分。

1　可能是"视觉矫正"的额外效果。——译者注
2　日常用品主要指面包和酒。——译者注

虚拟与非物质

在某种意义上，物质与神之间的关系并没有什么特别之处。物质世界的基础是物体的制造者和使用者将一些生命具体化。正如我们在这一章中所看到的，物体承载着思想。马鞍和战车构成了世界以及人类与世界互动的方式。在家庭生产活动中，面包坊取代了需要大量劳动力的碾磨坊；大规模长途贩运取代了个体贩运。由于货币的出现，各地区间的互动脱离了私人关系，且不断加强。

人们相信神与世界之间存在相互作用，所以神需要在物质上有所表现。即使是最抽象的政治或道德观念，也只有在具有物质意义时才会有效。民主政治需要特定的场所，那是一个可以让群众集会的场所，在那里公民可以行使公民权。罗马共和国元老院需要议事大楼，反对者想要烧毁它也是基于相同的原因。陪审团的判决是通过特制的选票来进行的。不同的司法处罚需要铁杉杯、木板或者不同形式的十字架。做慈善需要储存和分发粮食。戏剧节需要服装和奖品。公共活动需要房屋，还需要雕像和三脚纪念碑，城市可以通过这些纪念碑来表达对神的敬意。

如果想要实现理念，就需要器物；那么，理念的实现就改变了器物，甚至改变了对其物质性的观念。最显而易见的是，物体具有象征性。雕像象征着一个城市的感激之情，如果一个城市使用的雕像与另一个城市使用的雕像相似，这一点就更加明显。这鼓励了一种标准化，而标准化本身又有进一步的物质和非物质影响。雕像曾展现过不同的具有独特性的个体，但现在却成了所有赞助者的载体，特别是所有女性赞助人的载体，彼此之间便再无个性可言。在古希腊城市中，"安德龙"——专门用来举办座谈会，房间里布置有特殊的长凳——似乎已经成为任何一个有自尊心的公民的房子或设备齐全的圣所的基本特征。一旦有了安德龙，座谈会就成了家庭娱乐的必要和唯一实用的形式。这对饮酒模式和性别关系都产生了影响。在这两种情况下，最初的模仿模式变成了一种社会束缚。在罗马家庭中，勺子也有类似的故事，最早的（圆形）勺子似乎是为特殊用途而发明的，特别是食用鸡蛋和贝类时，但是后来调整了勺子头部的形状、容量和手柄角度等方面，来增加其通用性，特别是用于盛放液体时。勺子所带来的可能性与需要使用勺子的烹饪方法之间似乎存在着反馈现象。

反之亦然，材料的作用改变了它们所传达的思想。这里举一个骨制骰子的简单例子。骨骰的制作工艺，虽然目的是制作方形截面，但实际制作的是矩形截面，而惯常的骰子编号方式是在平行于骨纹的表面上排列6和1，这意味着在1到6对称轴上的平整度。结果是，不那么富有的骰子玩家，使用骨制骰子，他们的游戏体验与富有的赌徒完全不同，富有的赌徒用不同的材料，如水晶和琥珀制作的骰子，比例更真实。另一个有趣的例子是关于罗马人对煤精（jet）的使用。英国曾在新石器时代和青铜器时代使用过煤精，但后来它就过时了。老普林尼认为它有多种非凡的特性，可以治疗牙痛，赶走蛇，还能探测到人们试图去模拟童贞时的状态（《自然史》）。然而，老普林尼并没有提到它在护身符中的使用，但已知罗马帝国的煤精工艺品主要是护身符，而且只在英国和罗马西北部省份有所发现。特别是，煤精上刻着美杜莎（Medusa）的脸，也就是说，引入一个纯粹的古典主题来传达这种特殊材料的力量，尽管在罗马帝国的更中心地区没有这种传统。

***

　　物质世界越复杂，可能的行为——实际上是该客体世界允许的思维模式——就越不灵活。罗马法对法律对象进行了复杂的分类，与雅典法律相比，罗马法律的回旋余地要小得多，因为在雅典法律中，不同类型的物体获得法律地位的区别很小。罗马道路交通的建设将世界划分为可以联系的地区与不可联系的地区。对于水磨坊，或其他依赖于大量投资的技术，需要建立只有帝国的官僚体系才能维持的经济关系网络。从荷马时期的世界到古代晚期，人类对物质世界的认识得到了极大的发展，随着对物质世界与日俱增的掌控，人类与物体的关系也发生了巨大的变化。但物质世界的约束也成了人类关系的束缚，当这些关系打破了约束，古代的物质世界很快就消失了。

第二章

技术

考特尼·安·罗比

技术：器物与主题

一个器物被称为技术意味着什么？我们可能会认为这里的谓语是双向的，想知道是什么使得一个器物成为技术，或者什么是器物技术（*object* technology）。也许当我们专注于它的设计、结构或功能时，它就成了"技术"，有能力实现对世界上某种物质的干预。然后，技术产物（technological）可能会被粗略地定义为我们在世界上使用它们（或尝试）完成任务的方式，无论是机械的、探索的、科学的，还是令人愉快的。作为主体，我们与技术器物的接触可能是敌对的或充满欲望的，或是难以想象的顺利，又或是充满了复杂性。

当代技术哲学深受海德格尔的影响，关注的是技术与其使用者之间的主客体关系。海德格尔将"可及性"（"准备好的手"）归结为互动关系，像工匠和他的锤子之间的互动。唐·艾德（Don Ihde）在海德格尔著作的基础下，以刘易斯·芒福德（Lewis Mumford）对人工制品与人的高度批判性分析为背景，提出了一种技术现象学，即人类技术活动存在于一个从"具身关系"（embodiment relations）到"他异关系"（alterity relations）的范围内。"具身关系"是指技术几乎以一种不可察觉的方式成为用户具体感官体验的延伸。这种观点使得使用技术成为一个将我们自己的感官和运动能力扩展到人造物的问题，这样我们就不再专注于它的设计、结构或功能。

当然，锤子可能只是工匠自己意志和力量的延伸，直到它断裂为止。在这一点上，我们正处于艾德所称的"他异关系"领域。这种情况下，我们与某项技术（可能是故障或仅仅是难以使用）的关系凸显出来，也许会激起我们对它的渴望或恐惧，希望它将再次屈服于我们的意志。迈克尔·惠勒（Michael Wheeler）同样借鉴了海德格尔的观点，提出技术的巧妙操作或"顺利应对"的特点是工具的"透明性"，当受到故障干扰时，主体与客体之间的关系则显而易见。

在古代，"具身关系"主要表现在关于使用工具制造的手工业产品的描述中。其焦点多在产品上，而不是在工具上。因此，托勒密把制图师将经纬度数据表转化为地图（一种信息技术转化为另一种信息技术）的工作，描述为由一只"手"完成的工作。由于对表格的精心组织，这只"手"几乎是自主运作的[《地理学》（*Geography*）]。他还将仪器视为天文学家身体上的一种延伸，即一只眼睛用于观测，手伸向瞄准器[《天文学大成》（*Almagest*）]。

从托勒密的角度来看，最重要的是，精心制造的仪器不仅可以与人自身的能力相配合，甚至可以弥补能力的不足之处。提供理性的感官输入，对托勒密发现构成世界的数学结构至关重要。天文学家或声学家可以从视觉或听觉中发现这种数学结构，只要他具备技术，就能最大限度地提高感官输入的精确度。在与一个借助理性标准画出的圆对比之前，人们会一直误以为徒手画出的圆是完美的[托勒密,《谐波》(*Harmonics*)]。他后来阐明，要想画出一个更完美的圆，需要一个理性的标准（通过适当的工具）：圆规画圆(《谐波》)。耳朵也是如此。它被近似的声音间隔所欺骗的自然倾向可以通过适当的技术来解决。托勒密在他的《谐波》中对谐波的设计和构建进行了详尽的指导，从基本的单弦到多弦模型，使和声师能够重现更复杂的谐波音程阵列。

工具与技术之间的关系，正如仪器与科学家之间的关系一样。《罗马农业综合文献》(*Corpus Agrimensorum Romanorum*)是罗马土地测量工作的汇编，记录古代技术人员使用生产工具工作的情况。弗朗提努斯(Frontinus)在其《人文艺术》(*De arte mensoria*)一书中提到了一种铁合金做的测量工具的使用。它构造简单，但在合适的环境下，观测起来却很有效。就像类似的浮雕或星形图案一样，它由一根顶部安装有横杆的杖组成，两根杆子以垂直于杖的 X 形贴在上面。铁器和类似工具的材料遗迹包括庞贝的"维鲁斯测量员工作室"（现在在那不勒斯国家博物馆），以及卢修斯·埃布提乌斯·浮士德(Lucius Aebutius Faustus)的葬礼纪念碑。测量员的视线穿过两根相对的绳索，将它们与远处的视线杆对齐（由助手拿着），以产生准确的直线；通过观察两根相对的绳索，也很容易产生直角。弗朗提努斯建议测量员在瞄准前，保持地面上仪器的平衡，以确保弦绷紧并对准，然后将视线投射到弦上（弗朗提努斯,《人文艺术》)。因此，测量器和瞄准杆延伸了测量员的眼睛和手，将他的视野跨越绳索转变成覆盖在罗马风景上的长长的网格状直线。

　　但如果天气不好，仪器就不再是测量员意志的延伸，而变成了对手。亚历山大港的希罗（Hero of Alexandria）可能于1世纪撰写了著作《迪奥普特拉》（*Dioptra*），他批评了星形琴（asteriskos，一种类似风鼓的乐器）在风吹打绳索时的表现，以及实地测量人员提出的解决方案。[1]希罗指责测量员试图使用这种仪器去完成不适合它的任务，因为当风吹动时，绳子会长时间摇摆。希罗说，一些测量员试图通过将重物封装在空心管内来解决这个问题，但这只会让事情变得更糟，因为重物与管子内部的摩擦意味着不能依靠绳索来保持垂直。受到这种外部干扰的星形琴不能再作为调查的虚拟延伸。这项技术本身就是一个难题，需要通过把仪器和测量员一起放在一个小帐篷里或者用管子包裹仪器来解决这个问题。这种解决方法是笨拙的，因为管子的作用是保护绳索不受风的影响，而这又会带来另外的问题。

　　我们可以继续对技术器物进行定义，将其作为一个类别，区别于其他人工制品。这种定义不是根据器物本身的任何标准，而是基于主体与客体的相互作用，目的是利用人工制品达到某种效果。如果这种效果很容易达到，那么这种技术就成为人类有效能力的一种延伸；如果实现起来很困难，或者难以实现，那么这项技术就必须加以修复、改进或被放弃。

1　历史上，亚历山大港的希罗的在世时间一直是争议的话题，现在最常见的时间是1世纪。——原书注

结构化技术

当然，只有在更广泛的社会结构的背景下，技术才会在文化层面上变得活跃。这种社会结构产生了对技术的期望，提供了使用和评估技术的场所，以及学习和实践技术（从而促进技术的创造和发展）环境。在这种复杂的背景下看技术，有助于将技术本身简化为粗略的、"放大的"分类技巧，并承认"分辨率"的严重损失是必须付出的代价。事实上，我们永远不会得到一个完整的分类，但至少在失败中我们都尽力了。维特鲁威把描述机器的重点放在不熟悉的设备上，而不是诸如"磨坊、铁匠的风箱、马车、车床等"每个人都熟悉的日常工具上（维特鲁威，《建筑学》）。维特鲁威将重点放在"高科技"上，这一点在其他文本资料中也有所体现。这导致了一个令人不快的讽刺性结果，即我们对相对陌生的技术，如弹射器和水器，知道的比那些在古希腊和罗马生活中发挥更大作用的普通工具多得多。

这些日常技术仍然可以通过现存的物证与我们对话。尤其是丧葬版画，可以让我们瞥见工匠与其工具和产品之间的主客体关系。葬礼纪念碑上的磨坊图像，表现形式多样。比如奥斯提亚浮雕上，一个男人在中心的磨坊周围鞭打骡子；再如，有一个大理石石棺上刻画着两个由马驱动的磨坊。

即使是朴素的纪念碑上，也会细致地呈现出工匠的工具，以此暗示他们的地位，即科莫（Cuomo）所说的"隐喻性地指出了技术员的生活"，并提供了关于这些通常难以保存的文物的详细线索。一块石碑上刻着一把有刻度标记的尺子、一个指南针和一个辐条轮，表明了木匠工作的特点是精确测量。一把横跨浮雕宽度的直尺位于较小的轮子和指南针图像之上，它们的排列方式让人想起庞贝古城的一张马赛克桌，上面画着一个正方形，正方形上面有一个头骨，头骨不完全接触到下面的一个轮子，轮子被一只蝴蝶隔开。石碑上精心安排的测量工具和成品，虽然简单，却将死者塑造成一个办事有条不紊的工匠。与此形成鲜明对比的是，在罗马木工协会成员（the collegium of woodworkers at Rome）建立的密涅瓦祭坛上，散落着大量的木匠工具。就像这些工具被堆放在一个木匠的车间里一样。即使是像这些相对基本的技术，各种各样的图像也暗示了从业者丰富的经验，这是很难从文本证据中重构的。

技术工艺品产生于一个复杂的相互关联的纽带，即产生于不同的工艺技术、使用环境和文化联系中。在古代，分类法是一种策略，使技术能够作为一个类别被理解。最著名的古代机器分类学来自维特鲁威，他的工作难度显而易见，因为几乎没有一套单一的类别足以满足他的要求。他在第十本书中首先将机器分为三类："攀缘"型（扫瞄器）、"气动"型（螺旋形的机器）和"牵引"型（拖拉机）。第一种是通过放置木材，让人可以安全地爬上去监视敌人的军事设备；第二种包括加压和挤压空气的仪器，以产生声音和其他效果；第三种是用机械举起重物。

每一个种类都有一个特定的优点，通过这个优点，它们确保了自己的文化相关性[1]和价值。"攀缘"式的建筑与其说是一种难以完成的工艺，不如说是一种将相关的构件连接成高耸的结构。相比之下，"气动"型首先是关于工艺的，因为气动装置通过巧妙的工艺实

---

1 文化相关性，即每个种类都和其诞生的文化背景相关。——译者注

现优雅的效果。最后，"牵引"型是使用者（罗马人）通过宏伟的建筑形式在"秀肌肉"。这样分类首先是依据设备的结构及人们通过它们能够进行的活动，但这并不是全部，因为这些功能本身决定了不同类别设备所体现的文化价值和优先级。"攀缘"型成为整个围城战装备的象征，它把军备竞赛升级成了防御工事、攻击性武器，以及用于间谍和攻击的移动塔。相比之下，"气动"型的飞行器则与精巧的小装置相关联，这些小装置在取悦受众的同时，也激起了人们对人类通过工艺探索物理奥秘的智慧的惊叹。"牵引"型让我们回到了一个由巨大建筑构成的世界，现在它们被用来建造大型而持久的建筑，以显示罗马人民的技术力量。

在完成机器的类型分析之后，维特鲁威立即提供了另一种分类法，将"机械"（机器）与"设备"（器官）区分开来。维特鲁威以弩炮和压油机为例，说明机器需要许多操作者或其他强大的力量来移动。这里的差异化分界线基于的是一种技术所带来的用户体验，而不是它的使用领域或它所体现的文化价值。在区分需要大量强力输入的"机器"和需要精巧、熟练操作的"设备"时，维特鲁威唤起的不仅是使用者的注意，还有设计师的意图。

很明显，维特鲁威分类法提供给我们的信息比罗马人使用的机器多得多。他的第一个方案是按照技术对社会可能产生的价值来进行分类：攀登的梯子和围城战的其他建筑使英勇无畏的行动成为可能；气动机器是精细工艺可能性的优雅证明；而牵引机器提供了一个机会，将罗马人民的崇高抱负变成混凝土建筑。他的第二个方案暗示了机器背后的设计师和技术人员的隐秘世界：一些技术相对简单，但需要大量的人力来操作；而另一些技术需要的人力较少，但需要设计师和操作人员的专业知识。

分类法让我们尽可能地从多角度看待技术产物，缩小范围以找到各类技术之间的共同点，而不是关注它们的材料、结构、特性或操作。尽管分类法可能对这些复杂的领域进行了广泛的概述，但它们没有提供任何线索，来说明作为制造者或使用者在参与任何特定人工制品工作时是什么样子。古代文献中很少有对手工技术工作经验的准确记述，这是因为技术实践总是被隐性的经验知识所深深影响。拜占庭的斐洛写了多卷的《综合机械学》（*Syntaxis Mechanica*），其中只有两卷保存了下来，他在《弹射器》（*Catapults*）一书中告诉他的读者亚里士顿（Ariston）："你不会不知道技术碰巧包含了一些难以在理论上表达或追踪的东西。"工艺知识的某些组成部分根本不可能呈现为抽象的理论或精确的口头表述。

同时，斐洛敦促未来的工程师努力研究设计过程中可以从理论上提取和表达的任何属性。使弹射器设计合理化的关键因素是发现机器的有效载荷与弹簧缠绕的孔的大小成正比。这是一个来之不易的见解，永远地改变了实践。斐洛将慢慢形成对弹簧正确比例的感觉过程比作完全不同的雕刻工艺，正如波利克里托斯（Polyclitus）所说的"好事多磨"。斐洛同样描述道，尽管观察者的视角会产生错觉，但建筑师仍能"通过实验，在体量上加减……以各种方式测试"，使建筑看起来与视觉相符。

斐洛建议，在军事环境中，将隐性知识和精心完善的计划和公式结合起来尤为重要，因为精心设计的攻城机器可能会遭遇敌人不可预测的反抗。围城战的战场上摆满了各种装置，简单的、复杂的，移动的、静止的，能够精确定位或具有彻底摧毁能力的。战场上的人不仅要准备好直面对手时使用的策略，还要准备好在遭到反击时取胜的方法。阿波罗多勒斯（Apollodorus）在《政治学》（*Poliorcetica*）的序言中提醒他的君主："战争中突然出现的需求需要'多才多艺'的人和机器。"他回忆起自己在战场上为皇帝服务时有幸拥有"许多士兵，他们有的有经验，有的很聪慧，都是适合从事高要求工作的人"，他希望保持这一工艺知识链的完整性。因此，阿波罗多勒斯在文章中建议，派遣他亲自训练的人员来建造防御工事和进攻性器物，以体现自己的专业知识，以便为战场上的意外事件做好准备。事实上，他在这项工作中推荐的设备通常操作简单，适合不怎么有经验或没有经过专业培训的操作员。科莫指出，狄奥多罗斯·西库鲁斯（Diodorus Siculus）同样没有提到专门操作新式火炮的技术人员，不过当谈到"围城者"德米特里乌斯（Demetrius Poliorcetes）围攻罗德斯时，他确实提到了某种弹射器的操作员。

安米亚努斯·马塞利努斯描述了一种被称为"奥格纳（野驴）"的配重驱动的攻城机器，这是一种可以由没有明显的弹道机械专业知识的士兵操作的机器（安米亚努斯·马塞利努斯，《历史》）。这种沉重的机械由橡木制成，吊索由麻绳或金属制成。如果放在石墙上，它的冲击力足以破坏其支架。所以安米亚努斯认为最好把它放在一堆草皮上。这台"奥纳格"显然符合维特鲁威式机器的类型，因为它需要一个四人小组来转动起锚机。"奥纳格"的机臂挣脱束缚，向前伸展释放储存的能量；为了防止它完全翻过来，把石头扔到地上，这个装置配备了一个塞子，用山羊皮做缓冲，这样机臂就不会在撞击中折断。安米亚努斯说，用绳子捆着这台攻城机器，这样它就不会在发射时变得四分五裂；也就是说，它是蛮力的化身，制造它不是为了技巧，而是为了用原始的力量发射石头，粉碎任何挡道的东西。就连"奥纳格"这个名字也让人联想到一种可怕的、不受控制的力量；正如安米亚努斯所指出的，它得名于那些用后腿向猎人踢石头的野驴——全是力量，没有远见，就像这些攻城机器一样。因此，操作它的人员主要是提供人力，而不是技术专长；负责技术的人能识别出它是否已经完全上弦，并迅速、有针对性地进行打击，使机器开始工作。

相比之下，4世纪的匿名作品《论战》（De rebus bellicis）中所描述的火枪射箭装置，则是一种富有想象力的经济改革方案与军事技术设计相结合的作品，实用（带有多尖头的标枪）且令人难以置信（被旋转的刀具包围的战车）。像往常一样，作者没有提供关于火枪射箭装置的高级机械细节，而是着重于其激发敌人惊奇和恐惧的能力。这种装置的神奇之处在于其机械结构的复杂性，使之只能由一个人来操作，如果一群人来操作它，它反而不怎么好用了，工艺的新颖性就会降低（《论战》）。弗格修斯（Vegetius）创作的《军事集略》（Epitome rei militaris）可能比《论战》稍晚一些，他同样根据操作弩炮所需的技能，将像"奥纳格"这样的重型机械与弩炮区分开来。投石机的动力来自附在侧臂上的筋绳，当它弹回并释放时，侧臂将其装载物抛起。弗格修斯强调，只要有熟练的调试和瞄准技术，弩就能刺穿任何它击中的器物（《军事集略》）。"奥纳格"的有效载荷可以粉碎其路径上的任何东西（弗格修斯补充了细节，它们可以摧毁马、人，甚至敌人的攻城机器），而弩则更加挑剔，其破坏力取决于操作它的专业人士。

特蕾西·里尔（Tracey Rihll）指出，此时"弹射器的建造又回到了我们早期扭转式弹射器那种模式。有些弹射器运作良好，有些则不尽人意。而非专业人士（也许还有一些业内人士）并不完全清楚原因"。当然，里尔没有提到弗格修斯的士兵所进行的"练习"。虽然里尔确实列出了罗马士兵使用弓和标枪等简单武器进行的训练类型，但他没有提供进行这些训练所需的人体工程学细节，更不用说如何教导士兵成为专家了。这种专业知识需要通过模仿和经验积累，是一种深厚的隐性知识。一旦战斗开始，这些知识将在一个由无法预测的变量组成的极其复杂的框架中发挥作用。

生产与不断改进的生态

古代世界改进技术的过程与方法直到最近才开始受到应有的重视。摩西·芬利声称，古代奴隶劳动力的现成供应阻碍了技术创新和技术工作，而在古希腊和罗马从事技术工作的人被嘲讽为"粗鄙之人"。这一理论在几十年内被许多不同领域的学者广泛接受。芬利的叙述与一种目的论相吻合，即既然古希腊罗马人创造了一些技术，那为什么他们没有设法开发出更多与我们现在相同的技术？有一个经典案例：亚历山大帝国的一位英雄发明了埃利普尔（aeolipile，一种气动驱动装置，由溢出的蒸汽推动球体旋转），是什么阻止了他（以及几个世纪以来的其他人）将其发展为蒸汽机？辉格派认为，技术生活一直朝着当前（工业化、西方）的模式发展，一定是有什么东西挡住了去路。芬利的假设提供了两个简单的答案：廉价的奴隶劳动和精英阶层对技术工作的蔑视。科莫在阻碍技术进步的框架下收集（并驳斥）了大量理论，这些理论坚持认为是某种看不见的手推动技术向一个不可避免的目标发展前进，而忽略了技术在不同文化环境中发挥不同作用这一事实。

　　幸运的是，后来出现了相当多的学术研究来纠正芬利提出的观点。凯文·格林（Kevin Greene）对芬利长期影响众多学科的原因进行了细致的分析。阿兰·布雷森（Alain Bresson）为将技术创新融入古代经济，提供了一个更为现实的模型。他特别指出，将一项技术引入一个部门或地区，并不能保证它在整个社会得到采用，这不是因为社会对创新有任何敌意，而是因为它所带来的效率的提高可能会被当地的生态环境或社会优势所抵消。保罗·凯泽（Paul Keyser）有力地驳斥了有关"蒸汽机"的解释。根据古代可燃物质的经济成本和能源效率的计算，阿兰·布雷森重新考虑了使用希罗的"蒸汽机"作为动力来源的经济实用性。同时，克劳德·多梅尔格（Claude Domergue）和让·路易斯·博尔德斯（Jean-Louis Bordes）发现了罗马时期采矿创新的新考古证据。而约翰·奥莱森（John Oleson）则分析了罗马井泵创新的物质证据。

　　如果我们否定芬利关于人为阻碍古代技术创新的悲观描述，我们将面临新的不确定性。关于促进古代技术创新的社会、政治和经济结构，工程师是如何接受培训的，他们与其他类型的工匠或与"科学"从业者的关系，等等，现存的文献证据十分有限。古代历史学家所支持的"自上而下"的观点确实表明，政治结构似乎在塑造技术发展的文化方面发挥了重要作用。例如，斐洛告诉我们，热爱荣誉和工艺的亚历山大国王的倾力支持，使军事工程师首先意识到弹簧绳的孔是弹射器尺寸的关键因素。斐洛的"好事多磨"确实提供了一个反驳芬利的很好的说法，即在古代，技术的系统发展是未知的。

我们对古代技术人员的教育也知之甚少。科莫收集了铭文证据，证明至少从公元前3世纪开始，在一些古希腊城市，伊菲比人（ephebes）就被训练成弹射器的操作人员，但这当然不能直接告诉我们弹射器制造者是如何学习他们的手艺的。在罗马，涉及各种各样类似于军官的技术性职位，通常由自由民担任，维特鲁威自己可能曾经是其中一员。阿波罗多勒斯和其他人都提到了军事技术人员，但是军队在训练技术设计师方面所扮演的具体角色仍然不清楚。

一些文献通常采用自上而下的视角，对技术学习和发展的背景进行了描述，而不是体现普通工人的经验，但它们仍然可以告诉我们这些发展是如何适应文化的。马库斯·阿斯珀（Markus Asper）认为，除了医学之外，技术学科不是由大家都知道的民间竞争机构所塑造的，包括修辞学、法律和戏剧，这些都可能会有强制性的学科规范。然而，在缺乏制度化竞争的情况下，非正式的竞争仍然是对效率和创新的有力刺激。狄奥多罗斯·西库鲁斯说，当锡拉库扎（Syracuse）的狄奥尼修斯（Dionysius）发现他需要在很短的时间内加固埃皮波莱（Epipolae）时，他带来了一支由6万名普通人组成的劳动力队伍，并为他们分配了一组单层建筑空间，每组由1名建筑大师和6名建筑工人负责主持。这种跨级组合，产生了非常快的效果，以至于旁观者都感到惊讶。他又制定了一套奖励最快完成任务的竞争制度，根据工匠的不同技能水平进行奖励。此外，他甚至以激励的姿态出现在工地的每一处，帮助那些努力工作的人。他勤奋的参与激发了一种竞争精神和热情，这种精神驱使工匠们工作到最后一刻。

显然，狄奥尼修斯的非正式竞赛非常成功，以至于他在准备与迦太基（Carthage）的战争时也复制了这一做法。这一次，他通过法令或高薪雇用熟练的工匠，将他们分成几个小组，分别由杰出的公民领导，并承诺生产出最好武器的人将会获得重奖。一个竞争性的奖励系统再次激发了一种雄心勃勃的竞争精神，而且这种精神被传播到整个城市——不仅传播到如寺庙、体育馆和市场这样的公共空间，甚至传播到显赫的家族之中。狄奥多罗斯说，这种竞争合作的最高成就是弹弓的发明，以及三桨战船向四桨战船甚至五桨战船的扩展。像往常一样，狄奥尼修斯利用高薪、有竞争力的奖励以及个人参与，鼓舞着雄心勃勃的技术人员进行伟大的技术创新。狄奥多罗斯几乎没有提供有关人工制品本身的细节，而是重点关注狄奥尼修斯的管理技术——一个为了荣耀和物质利益而进行竞争的熔炉。

技术竞争可以拯救失败的项目，也可以加速成功的项目。科莫成功地将2世纪在萨尔代（现位于阿尔及利亚）建造的诺尼乌斯·达图斯（Nonius Datus）石碑上的故事背景置于技术、政治和劳动结构之中。达图斯在接受监督一个渡槽隧道建设的委托后，进行了调查，然后向附近的毛里塔尼亚（Mauretania）检察官提供了这条渡槽隧道的设计图样。达图斯在铭文中把自己描述为一名测量员（图书馆员）和士兵，科莫认为他在军队中当学徒时接受了技术培训。建造隧道的实际工作委派给了非专业士兵，一个由水手和雇佣兵组成的混合团队。达图斯似乎没有对这个建筑项目实行军事化管理，因为他已经离开这个地方四年了。他只是在工程出现严重问题时才回来，因为两个从对面挖掘的队伍都偏向了右边，未能按计划连接隧道。达图斯让这个项目重回正轨的计划让人想起狄奥多罗斯对狄奥尼修斯的描述：他把士兵分成几个小组，每组负责一小部分项目，并在他们之间设立一个竞赛。由于达图斯的微观管理和竞争的热情，士兵们很快就完成了这个项目。然而，这个故事的重点是石碑上所记录的技术工作所需的三个优点：耐心、勇气和希望。

技术影响

虽然对科技产物的分析通常侧重于它们的实际效果，但它们所引发的情感体验可能同样具有重要的文化价值。为国家的荣耀和权力而设计和创造的技术，如军事机械和大型公共建筑项目，长期以来一直吸引着普通民众的注意。这些引人注目的技术在第一次出现的时候，既带来了自豪和恐惧，也引发了钦佩和好奇，这些情绪在今天的回顾者中基本上已经消失了。我们在前面提到的希腊战争机器是一种荣耀的典范，它可以超越敌我之间的差异，使所有人神奇地团结在一起，就像普鲁塔克所说的德米特里厄斯·波利奥尔塞特（Demetrius Poliorcetes）的战争机器那样，它的规模甚至使他的盟友感到震惊，它的美丽甚至使他的敌人也感到高兴。在有些情况下，在为保护国家和国家扩张及消灭敌人而设计的机器中，太过壮观可能显得不合时宜。科莫在锡拉库扎的狄奥尼修斯一案中指出："狄奥多罗斯不赞同将狄奥尼修斯对攻城机器壮观元素的使用比作戏剧性表演，好像这个装置的目的之一就是表现它的壮观，这完全被扭曲了。"

不论是战争时期还是和平时期，这个国家的技术成就都令人惊叹。但就其规模而言，罗马的道路系统无与伦比，其传奇的历史至少可以追溯到阿皮乌斯·克劳狄乌斯·凯卡斯（Appius Claudius Caecus）为满足军队需求而建造的亚壁古道（Appian Way）。道路在人们脚下不起眼的位置，因此这可能会削弱它们所代表的技术成就。斯塔提乌斯打开了西尔瓦斯（Silvae）大道的门，提醒他的读者构成道路的许多层不同的材料，建造它们所需的大量劳动力，以及建造过程中震耳欲聋的嘈杂声。建筑噪声是读者在这首诗开头的第一印象，因为斯塔提乌斯修辞性的感慨"多么可怕的硬岩和重金属的喧嚣"充满了亚壁古道的沿海地区。正如卡罗尔·纽兰（Carole Newlands）所观察到的那样，"支配声音的功能是帝国权力的一种有力而矛盾的表达——威严、令人敬畏、令人恐惧"。当然，建筑业的喧嚣有着更大的作用，为坎帕尼亚（Campania）的人民提供了前往罗马的便捷的新选择，他们不再需要在沼泽地中跋涉，因此一天的行程缩短为几个小时。斯塔提乌斯提供了一个深入的视角，让我们看到道路建设背后的艰苦劳动：剥开路面表层，可以看到最初为修建道路挖掘的沟渠、将水引离沟渠的排水渠道、填满沟渠为路面提供稳定表面的黏土和凝灰岩，以及将平顶石块拼凑在一起的路面和支撑它们的楔子。他惊叹于"有多少人在一起劳动"，并列出了分配给不同工人群体的任务。

斯塔提乌斯将建造这条路的工人、使用这条路的旅行者，以及使这一工程成为可能的皇权这三者联系在了一起。他将该项目与建筑师迪诺克拉底（Dinocrates）的创意进行了对比。后者计划将阿陀斯山雕刻成一个一手拿着一座城市、另一手拿着一座水库的人物形象，但失败了。维特鲁威说，迪诺克拉底这样设计是为了给他的资助人留下深刻印象[维特鲁威，《建筑学家》（De architectura）]。与那些为了虚荣和战争而进行的古怪工程不同，图密善（Domitian）的筑路项目旨在帮助他的人民，而且这个项目是成功的。这个基于技术上的规划精密的大规模劳动，将罗马世界联系在了一起。这一奇迹也许比德米特里厄斯的高性能战争机器更伟大，当然也更持久。尽管这些国家资助的技术奇迹受到了很多的关注，但规模较小的技术也可能引发同样强烈的反应。

罗马世界的计时固定装置，能追踪时间的流动，从精确的小时到罗马工作日和节假日的年历，其功能远远超出了长时间运行的行政年历。纪念碑式的建筑，从铭文上的文字到雅典的"风之塔"（"Tower of the Winds"）等非凡的精致设计，使得计时成为一种公共的、共同的体验，完全不同于我们现在对手表或电话的私人诉求。"古代日晷"组织（the Ancient Sundials group）已经对数百个日晷进行了编目和三维扫描。该项目提供了一个数字数据库，其中包括幸存下来的日晷及碎片的图像和3D模型，以及计算工具。这些工具生动地展示了古希腊罗马人如何用平面、圆锥形、圆柱形和球形的日晷来标记时间。虽然"风之塔"是独一无二的，其雕刻的风的图案和内部基础设施可能与一个精心制作的水钟相对应，但即使是小日晷也常常包括狮子或狮鹫脚、弯曲的藤蔓或海豚等装饰细节。一些日晷上的铭文让人想起参与其创作的人际网络，比如土耳其的赫拉克利亚（Heraclea）日晷，它不仅以它的使用者命名，也以它的制造者命名。

在普劳图斯（Plautus）的喜剧《皮奥夏的女人》（*The Boeotian Woman*）的一个片段中，一个角色抱怨这些公共纪念碑对自然的、个性化的人类冲动造成了令人沮丧的限制。当他还是个孩子的时候，他说我们唯一的计时器就是自己的胃，它给我们所需要的时间信息，也就是吃饭的时间。然而现在，城里到处都是日晷，没有太阳的允许，任何人都不能吃东西，"所以大部分人都饿得浑身发抖"。老普林尼描述了奥古斯都在战神广场建立了一个方尖碑，然后通过添加一个金球将其改造成一个日晷，并在下方地面上刻上平面日晷的白天曲线和季节性时线（老普林尼，《自然史》）。遗憾的是，到老普林尼写作的时候，不管是由于某些宇宙性的干扰破坏了地球的位置或太阳的运动，还是地震或洪水造成的局部干扰，抑或是老普林尼不知道的其他原因，这个日晷已经有30年左右没有显示正确的时间了。然而，这座纪念碑仍然存在，将当地人对时间的认识限制在其不准确的痕迹中。

这些技术带来了挑战，激发了其狂热爱好者极端甚至荒谬的热情。托勒密的《和声学》（Harmonics）列出了构成希腊音乐的和声间隔系统，同时详细描述了使这些系统可以听见的乐器。这些乐器中最主要的是单弦琴：最基本的形式是一根拉长的弦，上面有可移动的桥，可以来回滑动，制造出所需的音符。但是，细节决定成败。作为一种和声探索的工具，单弦琴必须非常精确地进行调音。托勒密甚至为琴弦必须穿过的那一小段琴桥间的深度而担心。调音师如何解释从桥的一侧到另一侧弦的长度的差异？托勒密的解决方案是将琴桥制作成圆形截面，这样琴弦就会在理论上影响到琴桥的两端。理论上，弦会沿着类似三角形的边缘撞击固定桥和活动桥，使误差相互抵消（《谐波》）。托勒密早在《谐波》中就进行了相关的分析，其中描述了将绳子拉过（理想情况下）球状的桥，以测试其一致性。当然，说起来容易做起来难。

所有这些痴迷的关注都是为了打造一种只对和声师有用的乐器。正如托勒密遗憾地指出，单弦琴不能真正用作演奏乐器，因为它不允许一个人同时演奏两个音符，不能演奏和弦琶音（arpeggio），不能让一个音符停留，也不能把音调非常不同的音符编织在一起，所以它实际上是所有可能演奏音乐的乐器中"最弱的"（《谐波》）。虽然单弦琴的应用范围很窄，但它作为科学发现工具的力量是如此美妙。对托勒密来说，将单弦琴"精炼"成最精确的工具，可以让用户的感觉器官与他们的理性保持一致。只有将这两者结合起来，支撑世界的数学上的美和秩序才能被人理解。数学不仅是从理论上理解美的事物，而且通过实践将这种理解具体化（《谐波》）。正如克里斯（Creese）所观察到的那样，单弦琴是"托勒密论证自然构造的理性美的必要工具"。托勒密的作品让读者在感官上接触到《天文学大成》中所说的天体领域的完美均轮和错综复杂的本轮[1]，接触到《和声学》中连接着和声领域的音乐间隔，还有均轮本轮之间以及它们与人类心理之间的相似性。他对改进量尺的痴迷看起来确实非常像对一种能够向人类观众揭示神圣真理的技术的热爱。

托勒密并不是唯一一个致力于通过技术来理解宇宙结构的人。虽然普通的天文爱好者当然可以欣赏到天空所提供的一些东西，但在古代，对宇宙结构的更有力的观察依赖于坚持不懈的耐心观察、仔细记录和复杂的数学计算，而这些都是外行无法企及的。天文学家和占星家（他们在古代不是我们今天所知道的高度分化的群体）创造了自己的工具，从而更容易想象天体的运动。一段出自《亚历山大大帝传奇》（Alexander Romance）的文字描写中，纳克塔内博（Nektanebo）用来给奥林匹亚星座（Olympias' horoscope）占卜的棋盘展示了其对

1　用来解释月球、太阳和行星视运动的速度和方向的几何模型。——译者注

科技热爱的另一面。读者可以看到一组精美的珠宝，它们分别代表太阳、月亮和行星，被放置在一块代表天堂的象牙黄金板上。令人费解的是，作者在书中详细描述了棋盘的美，以及可以摆放在上面显示星座的许多彩色石头——水晶太阳、蓝宝石金星、绿宝石水星和赤铁矿火星。现存文献的不同版本有一些变化：有时棋盘在象牙和黄金的基础上加入了乌木和银，而太阳可能是红宝石，月亮是水晶，金星是珍珠，水星是月石。

虽然这个描述很奇妙，但一些可能类似这个棋盘和上述宝石的东西被保留了下来：一张希腊的莎草纸（papyri）上描述了一个棋盘的构造，上面有与《亚历山大大帝传奇》描述相似的标志：金色的太阳、银色的月亮、青金石的金星和绿松石的水星。这些莎草纸暗示当占星家"在谈话中……有声音传来"时，他应该按照"自然顺序"排列棋盘上的行星。詹姆斯·埃文斯（James Evans）指出，代表行星的石头很可能将石头自身的属性与行星神奇般地联系起来。这反过来可能会启发外行去相信棋盘上闪亮的石头和天上的类似物之间的同源性。埃文斯认为，一些带有标记的宝石可能存在于魔法宝石的收藏中。他注意到，在这些宝石中，刻有阿佛洛狄忒形象的青金石占多数；鉴于青金石（产自阿富汗）在古地中海地区的稀缺性，这些青金石与莎草纸上和《亚历山大大帝传奇》中所提到的金星之间的关联不太可能是一种巧合。

一些类似的占星家的板子保存了下来。有些似乎比较简单，可以在低成本的材料上绘制，如一种名叫氧磷的化学物质（P.Oxy.235）。但也有与《亚历山大大帝传奇》中的象牙黄金板比较接近的。有两块象牙占卜板可以追溯到2世纪，保存在法国的格兰德村（village of Grand），那里曾经有一座阿波罗神庙。这些石板是在一口井里被发现的，已成为碎片，让·保罗·贝托（Jean-Paul Berteaux）认为它们是被故意毁坏的。现在它被重新组装起来，每一块都是一幅双联画，上面有排列复杂的同心圆，中间是太阳神和月亮女神塞勒涅，周围是黄道十二宫（zodiac）对应的人物，最外面的一圈是三十六个旬星（decans）。这些图像最初是彩色的，并用金叶装饰。

天体在空中的运动所引发的奇迹，也激发了宇宙运动的力学模型。在古代文献中，最著名的是阿基米德的模型，它是从锡拉库扎抢来的模型，后来又被带入罗马；如今，安提基特拉机械（Antikythera Mechanism）是唯一幸存者。西塞罗（Cicero）在不同的文本中多次描述了这些设备，与其说描述的是它们的结构或功能，不如说是它们对民众的影响。在西塞罗的《论宪法》（De re publica）中，菲勒斯（Philus）向他的伙伴描述了阿基米德的球体（sphaera）模型是如何被马塞勒斯的军队从锡拉库扎抢走并保存以供游客观赏的。菲勒斯回忆说，他是从C.苏尔皮修斯·加卢斯（C. Sulpicius Gallus）那里听说这个装置的。C.苏尔皮修斯·加卢斯花了很多时间在房子里观察这个装置（《论宪法》）。遗憾的是，西塞罗曾描述过的所有器物的技术信息都在《论宪法》的传播中遗失了，就在他提到球体的活动部件如何模仿它们所代表的天体的比例运动时，内容就中断了。

然而，西塞罗对这种装置的其他处理方法可能表明，这种装置所缺少的是一种对奇妙的观看体验的描述，而不是对这种机制的高度技术性的描述。在《图斯库兰之辩》（Tusculan Disputations）中，西塞罗重视这个球体模型，不是因为它可以让人们进行详细的天文计算，而是因为它传达了阿基米德的有序宇宙模型所具有的奇妙的天文学精度；更重要的是，它让人们认识到，真正的创造物是由造物主创造出来的。在《论神性》（*De natura deorum*）中，西塞罗笔下的斯多葛派（Stoic）主义者巴尔巴斯（Balbus）也有同感，人类技术的有序运作传达了工匠对它们的控制，宇宙秩序也展示了大自然的治理。在简要提到日晷和水钟之后，他特别赞扬了波西多尼乌斯（Posidonius）制作的一种球体模型，因为它清晰地传达了宇宙的秩序，甚至连西西亚和英国的野蛮人都会欣赏这位工匠的代表性成就。西塞多的有些描述缺乏天文学的详细信息：提到了月球、太阳和围绕地球中心旋转的行星，但没有提供任何材料或数学细节。球体模型的文化重要性并不在于它所展现的特殊的天文关系，而在于人们亲眼看见了宇宙的复杂性以微缩的方式展现出来而引发的惊奇。

球体模型的奇迹从未真正停止过。4世纪，诗人克劳迪安（Claudian）想象着球体模型超越了人与神之间的鸿沟，连朱庇特都对这台小机器感到惊叹：当朱庇特看到"一位来自锡拉库扎的老人"如何"在一个脆弱的领域"模仿朱庇特创造的复杂事物时，这台人造设备引起了上帝的惊叹，并对使整个装置运转起来的"精神"感到惊讶。正如波西多尼乌斯制作的那个球体模型给西塞罗的读者一种神圣秩序的暗示一样，它向朱庇特展示了这种大胆的、努力绕着自己的世界旋转、用人的思想来统治恒星的状态。大约一个世纪后，卡西奥多罗斯（Cassiodorus）代表东哥特王国国王狄奥德里克（Theoderic）写了一封信，要求数学家和和声学家波伊修斯（Boethius）建造一个日晷和一座水钟，并将其送给勃艮第

（Burgundians）国王冈多巴德（Gundobad）。从请求的性质可以推测波伊修斯会理解对球体模型的技术描述，即它被称为"第二个黄道圈，由人类的智慧创造"。相反，波伊修斯将其描述为"一台孕育着宇宙的微型机器，一个便携式天堂，一本宇宙简编，一面以醚为表面的自然镜子"，拥有"神秘的流动性"。球体作为一个微型装置再次唤起人们的好奇心，它的运动向观众展示了宇宙的宏伟运作。

1900年，安提基特拉机械在一艘公元前1世纪的沉船残骸中被发现。1902年，斯派瑞顿·斯泰斯（Spyridon Stais）观察到腐蚀的石板和碎片中存在传动装置。像球体模型一样，它似乎包含了太阳、月亮和行星的图像，这些图像以正确的比例穿过它们的轨道。这个传动装置还包括其他从未提到过的与球体模型有关的功能，比如日食计算器（eclipse calculator）和奥林匹克刻度盘（Olympiad dial）。20世纪70年代，德里克·德·索拉·普赖斯（Derek de Solla Price）在摄影技术和其他以前用于研究机械装置的技术的基础上，又增加了射线扫描技术，完成了对该装置传动系统的第一个连贯重建。

迈克尔·赖特（Michael Wright）后来将线性断层成像技术应用于机械装置中，增强了平板内齿轮单个平面的可视化。后来，托尼·弗里斯（Tony Freeth）和他的合作者应用新的计算机断层扫描技术，生成了更完整的内部图像，并对齿轮系统进行修正重建，解决了在某些方面与赖特的模型不兼容的问题。这种机制持续吸引着我们的目光，不断发展的成像技术揭示了其机械结构的新细节，以及描述机制及其建模的铭文。事实上，它继续激发人们对超越人类智慧的好奇，如在线常见问题解答中，有关安提基特拉机械装置项目的第一个问题是，它是外星人留下的吗？

敬畏、爱、挫败、惊奇，科技文物唤起了古代设计师、制造商、用户及其家属的深刻情感。当然，一种特定的技术可能会引发完全不同的情绪，这取决于一个人与它的关系。例如，一架弹射器可以让锡拉库扎的狄奥尼修斯产生一种自豪感，这既在于他惊人的军事实力，也在于他能够有效地激励工程师以创新设备。无论是要把可能造成自我毁灭的弩炮拉回来，还是看到安米亚努斯所描述的那种可以快速发射的箭弩（未看到之前就感受到了致命的疼痛），都可能会让战场上的士兵感到恐惧。另外，对于设计师斐洛来说，导弹飞行的弧线是对精心设计和计算过程的满意回报，弹射器体现了比例的和谐。

尽管技术往往被简化为一种完成任务的手段，但即使这样简单的关系也充满了复杂性。当我们处理有问题的设备时，或者研究技术时，停下来思考一下，让技术成为我们的一部分变革性体验（无论多么短暂）。将技术作为实现目标的手段，将其置于竞争性发展的熔炉中，其目的是分离出对手头任务最重要的功能，并以某种方式"改进"它们，让它们变得更有效、更快捷、更廉价，或者让生产和消费的环境变得"更好"。即使从最理性的角度来看，技术和人类文化之间不可分割的联系依然清晰可见。在这个社会结构中，技术专家得到了培训，消费者被灌输了思想，政治制度和激励机制塑造了劳动力，我们为技术类型及其各自的社会价值进行了文化叙述。尽管我们对古代技术的日常制作过程知之甚少，但我们仍能在诗歌、历史、哲学，以及个人和公众的纪念碑中与它们产生共鸣。

第三章

经济器物

詹妮弗·盖茨·福斯特

引言

近几十年来，"经济"概念作为对人类行为及其研究的一个独特类别，已经扩大到几乎包括了社会关系的每一个方面。这是由于人们越来越意识到经济行为在社会中的嵌入性，并认识到经济选择是适应环境的，是以文化期望所定义的愿望和欲望为关键的。经济选择的目标和限制与人类社会组织的关注点有关，因此我们不但要从利润增长的角度来确定经济趋势，还要考虑到它们与不断变化的社会文化因素的关系。这两种方法之间的紧张关系——对增长和利润的理性追求和对定义这些概念的文化规范的依赖，标志着围绕古典世界经济的性质、规模和复杂性的争论，并被"本质主义—形式主义"的争论所概括。在过去10年中，这种争论推动了这个领域的大部分学术研究。近年来，经济史学家和考古学家在很大程度上摒弃了这种两极分化的方法，而是试图探索新的方法来评估古典时期经济活动的增长，同时也承认决定和制约这些趋势的社会因素。这种向更综合的经济史的转变，导致了经济史学家和考古学家在讨论古典时期的物体时发挥了新的作用，并由此产生了两条不同的学术分析道路。

更早的几代人拒绝承认物体和物体模式化在古代经济研究中的潜在贡献。在芬利看来，物体模式化不能告诉我们什么，因为量化总是被对代表性样本的无知所破坏。对其他人来说，问题在于之后研究过程中考古学家提供的话语和易变的解释框架，以及他们将器物视为在过去没有固定意义的象征性资本的倾向。最近，经济史明显地转向了物质方面，主要的举措集中在对古典时期各种经济活动的证据进行量化，重点是评估增长，特别是在罗马时代。这种器物导向主要是在对物质生产和消费的广泛评估层面上发挥作用，而对证实运输和交换网络的实际证据（通常是商品，即器物）的关注则更加严谨。

在转向计算和量化的同时，其他人则以阿尔琼·阿帕杜莱（Arjun Appadurai）和阿尔弗雷德·盖尔的基础性工作为指导，研究器物本身的作用，既包括与人类的纠缠，也包括它们作为独立于人类之外的行动个体的作用。许多人也对托马斯、米勒和霍德进一步阐述的器物的作用进行了探索，通过坚持器物在讲述人类（和非人类）故事中的中心地位，在经济或其他方面上，加倍强调了令早期学者困惑的话语。对这些学者来说，由于经济行为被嵌入到社会表现和身份认同的系统中，物质对象不仅是阐述社会和经济交易网络的核心角色，还实际定义了赋予这些行为意义的品质。通过消费、生产和交换行为表现出的价值观念和身份表现占据主要地位，这些交易的主要内容至关重要。这些经济研究的范围不一定很窄，而对经济和个人关系的关注，以及对物质世界的密切关注，使得它们的主要关注点有根本性的不同。

尽管我们在关于器物对经济的作用的学术工作中出现了分歧，但所有人都同意，经济器物在古典时代就是存在的。在这一卷中，经济观点和词汇在描述器物和器物性质时的普遍性，恰好概括了经济方法主导我们对器物的思考方式。价值、商品化、交换——这些概念中的每一个都是松散的、灵活的、因地制宜的，它们被学者们用来评估器物在人类社会关系中的意义和重要性，以及器物在各种重叠的载体——建筑、身体、日常生活等——中相互作用时的自主权。经济领域环绕着它们，因为在人类关系中或在物与物的关系中，对器物的使用揭示了对交易的关键性的共同关注，这是经济学科的核心所在。

然而，古典时代的经济器物不能简单地被定义为已经或可能被交换的任何东西。这就凸显了围绕"什么是有形物体的经济作用"这一概念进行划分的困难。一个经济器物是否只是具有价值的东西？是在什么意义上的价值？价值的确定和一个器物作为交换交易的参与者的适当性显然是相关的，正如生产环境与价值评估过程相关一样。消费——包括消费的欲望和行为本身——在文化上受到的限制也与评估有关，而评估本身又与社会界定的地位和身份概念交织在一起。显而易见，直截了当的分类很难进行，这导致了借用经济词汇来描述大量具有变革性的人类选择和器物能动性的趋势。

面对这样的变化趋势，令人惊讶的是，即使对离现在最近的古典时期经济器物进行粗略的调查，也会发现作为经济指标的器物类型具有意想不到的凝聚力。在大多数情况下，这些器物都是可移动的，而且往往是长距离的移动。硬币和相关器物，如代币，是常年的宠儿；而陶器——最重要的是陶罐和某些类别的精细器皿，也经常出现，要么是作为其本身的独立经济指标（如赭色黏土陶器），要么是作为其以前内容的化身[陶罐相对于蒜头（garum）、酒、油]。

较少的情况下，农产品特别是谷物和香料会成为经济史的重点。这些类别的器物通常只能通过其相关的基础设施如粮仓，或详细说明其生产、储存或转移的文本来复原。尽管植物、纤维和其他有机商品在地中海农业世界中处于中心地位，但我们很少能够通过直接观察来描述它们的流动。然而，金属矿石和工匠理想中的石头经常以被改变后的形式存在，如建筑材料、宝石、金属制品等，当被归属于一个确定的来源时，它们可以为一件器物提供一个经济维度，否则就会仅仅被视为一件手工制作的器物。例如，罗马帝国时代的名贵建筑石材贸易表明，本来可能是程序性美学的研究也涉及资源开发、贸易和消费的问题，以及这些行为与罗马帝国指令经济的纠葛（见第六章）。

在这些一级参考文献之外，还有一个平行的、蓬勃发展的学术产业，专注于交流基础设施的物质证据。它们尤其包括船舶、港口、度量衡，以及促进多个经济区之间交流的标志和所有权系统。这些越来越多地构成了关于古代地中海经济活动中器物作用的叙述组合，为古代经济模型增加了一个新的物质层面。器物的生产、流通和消费孕育了更多的东西，它们被纳入我们关于古代经济表现的物质世界的叙述中。

没有一篇文章可以包含如此多样的组合，也无法描述学者们将这些器物类别与经济或经济行为联系起来的不同方式。因此，本章旨在实现一个更温和的目标。本章考虑了一些古典时代经济器物的学术历史，这些器物可能被无可争议地描述为经济关系。这一章的开头相当不雅，以一个金尿壶为例，思考古代物质性、知识和价值的本质。然后，我们转向货币和铸币（相关但独立的事物类别），研究硬币的发展和分布，以及它们如何替代古代世界中其他交换模式。最后，我们转向一个特殊类别的陶器——赭色黏土陶器（sigillatas）的生产和分配，以此反思大规模生产下价值的本质，以及丰富性和相似性对消费和身份的影响。这些环环相扣的行为类别都随着时间的推移而变异，为更广泛的社会和文化目标服务，而融入这些行为的器物为评估物质性在决定古典时期人类行为的经济方面所发挥的作用提供了一种方法。

器物生成：制造、估价、误解

就传统意义来说，经济学家通常对一类狭义的器物和概念感兴趣，所有这些都有助于市场的形成——货物、商品、货币、价值、价格和交换。把有形器物看作经济体系中的一部分，依赖于一种认识论上的理论支撑，它将把有形器物与一套关于事物在该体系中是否适合运作的信念联系起来。简而言之，经济器物是"信念和实物"的组合。它的适合性是由一种认识论决定的，这种认识论决定了它为经济目标服务时的价值。因此，器物的社会维度以及它们是否适合作为经济机构的所在地，取决于过去个人的观点。

这个创造经济器物的过程——它的"制定"——可以采取多种形式。在这种本体论中，经济器物是社会产品，可以被人类主体和其他行为者多次和以多种方式稳定下来并重新定义。因此，生产既可以是物理器物的制作，即传统意义上的生产，也可以是一个器物作为商品的特殊作用的固化，被定义为更广泛的器物类别。例如，陶工制作陶瓷碗的活动是工艺生产的一个轨迹，在这个轨迹中，实物被创造出来，而它作为一种类型的许多碗中的一个，被理解为在经济活动中将它从一个单一的东西转变为一种商品，有资格并适合交换、转让或使用。

在这个意义上，经济器物可以通过估价和商品化多次生产。估价是赋予价值的过程，而商品化则是通过将一个器物置于同类事物的行列中，将其指定为合适的交换对象。生产是一种创造性转化的行为，是意义和形式被固定下来的时刻，但它不是一成不变的。其他行为也会带来转化，特别是交换，这是一个精确估价的时刻。消费将器物的价值定格在一个特定的行为上，并将器物带出了交换的范围。在器物的生命周期中，每一个连续的时刻都是社会建构的，就像价值和价格的互联概念使器物或多或少地适用于一个特定的任务之中。在过去和现在，人类对价值、商品这些概念的建构的巨大变化，可以说至少使任何研究者普遍化的主张都站不住脚。价值和由此产生的经济器物是有文化背景的，很少是单链的。

在古地中海地区，器物身份同样是多面的、易变的。在《历史》中，希罗多德讲述了一个故事。在这个故事中，一个器物——金色的小尿壶，被用来说明价值的本质及其与器物的关系，包括它们的欺骗性、易变的外观和物质构成。新成为埃及国王的阿玛西斯（Amasis）因出身平庸，希望努力加深新臣民对其作为法老合法性的印象。他命令工匠将一个金色的尿壶（他拥有的众多奢侈品之一）熔化并重新铸造成一尊神像，然后将其放置在公共空间，供人们欣赏和崇拜。最后，他告诉埃及民众，他们崇拜的器物以前曾被用作呕吐物和小便的容器。他说自己就像一只小尿壶，尽管出身卑微，但应该受到尊重。

在这种情况下，尿壶通过其形式传达了一个基本信息，即希罗多德式结构中的价值本质，以及作为价值方面的形式和材料之间的差异关系。尿壶的共鸣既存在于它的材料中——黄金，它是可替换的，很容易被改造而不会有任何内在的材料损耗，也存在于它的社会功能中。该器物是由黄金制成的，这与它的皇室主人身份相称，而奢华的材料与该器物作为排泄物容器的原始功能之间存在错位。黄金尿壶还有助于强调埃及皇室的极端财富和特权，以及这种地位所要求的对普通做法的颠覆。在这则逸事中，与亵渎性的尿壶相反，该器物被转化为一个神圣的形象，将其材料和功能更紧密地结合在一起，使其成为崇敬的对象。然而，对于阿玛西斯来说，雕像仍然与以前的尿壶有关联，这种关联使雕像具有需要他解释的意义。这是一个棘手的物体，功能、材料、外观和价值在不同程度上错位，造成了对其意义的混淆。

希罗多德在他的《历史》中使用尿壶和其他器物来构建和考虑人类关系。尿壶的例子提供了一个机会，来说明阿玛西斯作为一个领导者的品质，并在他卑微的出身和新提升的法老地位之间建立起联系。通常情况下，使这些器物发挥作用的是它们的外观及其物理性质，即器物属性，这可能会误导或迷惑想要理解它们的人。有时，这种混淆的发生是因为物体的历史不为人知或被新的形状所掩盖。这种混淆的最终结果有很大的不同：有时，结果是一个新的、相对良性的观点（就如这个尿壶）；而在其他情况下，这种混淆对那些不能准确评估物体的意义或历史的人来说有可怕的后果。

虽然金色的尿壶在古地中海地区不是一种常见的家庭用品，但希罗多德将它和其他器物用作叙事手段，提醒我们在相互决定的重叠经济和文化领域中，这些器物都被赋予了意义。器物的形状、图像等物理形式，以及它的物质成分，与器物的历史一样，在意义的决定因素中起着至关重要的作用。在这一章中，"金尿壶"的意义设定是多重的。它被制造出来时就具有了功能，然后被转化为新的东西，同时仍然保留着它以前功能的记忆痕迹。在这两种情况下，它的意义都取决于与功能和物质性相关的价值概念。虽然尿壶的经历也许比过去的大多数器物更复杂，但当我们考虑古典时代参与经济交易的各种器物时，它们的多种经历和指示能力是重点。意义的可变性是一条规则。

货币、交换和铸币的使用

最常引起人们直接讨论古典时代物质与经济之间关系的器物类别是硬币和相关器物，如银锭、代币和模具。硬币广泛分布于古地中海地区，并被研究古希腊罗马的人迷恋，它一直是讨论古典时代经济器物的一个主要但未被充分利用的途径。硬币经常被用来充实来自其他来源的历史叙述，或丰富整个古典世界的统治者、建筑和纪念碑的形象。很少有人将硬币作为产生它们的社会系统的证据进行讨论。

正如凯迈斯和米尔伯格所指出的，硬币存在于历史和文物之间的联系中。它们承载着文字，同时也是器物，有自己的物理品质，包括形状、材料、颜色、纹理等。他们认为物质和历史这两个领域是通过硬币传统上所携带的图标相互联系的，这些图标通常与发行机构有关，并通过其视觉和美学品质折射出意义。硬币的社会背景与这两个方面都有联系。硬币具有货币器物的功能，通过其金属含量、文字和标记传达价值，也承载着沉重的象征和交流的负荷。

这种器物的复杂性在古典世界用来表示货币和硬币的词汇中是很明显的。罗马语中的钱pecunia，与pecus有关，意思是牛或狐狸，反映了货币具有代表价值的功能，并与一种更古老的财富形式相联系，这种财富形式在硬币时代前的交换中被广泛使用。古希腊语中的硬币nomisma，与nomos这个词有关，意思是由法律或习俗认可的做法，这指出了硬币生产所隐含的权威。更模糊的也许是希腊语的timê，它也可以指荣誉或价格，或者间接地指价值。这个词的拉丁语对应词是pretium，也可以指价值或报酬。货币，尤其是硬币，作为一种交换媒介能够流通，依赖于一个规范化的、被广泛接受的价值体系，而在古代资料中用来描述这些器物的一系列术语反映了在实际操作中实现（和描述）这种统一体系的困难。

如果从古地中海地区硬币时代之前的交换系统来看，古代硬币及其相关术语的多变性和复杂性也许并不令人惊讶。在《荷马史诗》中，作为易货贸易系统的一部分，货物是以实物进行交换的。商品之间是等价的——酒换油，粮食换牛，盔甲换盔甲。除了用牛的数量来表示价值的一般性措施外，没有其他参考价值标准。例如，在《伊利亚特》中，格劳科斯（Glaucus）的金盔甲值100头牛，而狄俄墨得斯的铜盔甲只值9头牛。

使用牛作为比较单位，既反映了牛在铁器时代古希腊社会中的资源价值，也反映了那个时代，需要某种方式来表达比较价值。除了牛之外，粮食、盐、兽皮和奴隶在整个古代都被用作估值手段，即使在激烈的货币化时代也被用作为一种支付形式进行交换。例如，在罗马帝国制度下，税收往往是以谷物支付的，这提醒人们在整个古代，经济的主要部门都是在货币体系之外运作的。

在铁器时代的古希腊，青铜或铁器，特别是锅或大锅，也被用作等价单位。这些单位有时以重量表示，但最常见的价值单位是器物的数量。在近东和埃及，称重过的金银块作为一种交换媒介，在地中海盆地广泛引入硬币后仍然如此。这些东西可以是块状金属、戒指、锭子或其他器物形式。在意大利半岛的希腊城市之外，硬币时代以前的交换媒介采用已知的粗糙、不成形的青铜或矩形青铜条的形式，这种形式可能产生于公元前3世纪罗马。这些与伊特鲁里亚（Etruria）地区已知的、可追溯到公元前6世纪的类似器物相似，但并不完全相同。

公元前7世纪末，小亚细亚的吕底亚首次出现了硬币。这些早期硬币是由一种天然的金属制成的，这种金属是金银的混合体。由于它们体积小且分布有限，人们认为它们的实际功能更接近金块，这意味着它们的价值取决于金属的重量。带有发行机构标志的硬币，其价值来源于与该实体的联系，以及随之而来的标准重量和金属含量的隐含保证。它们在公元前6世纪的吕底亚等地大量出现。

在随后的几个世纪里，希腊世界的各个地区广泛铸造金银硬币，西西里岛和意大利南部的希腊城市成为最终的铸造点。随着硬币的传播，金银条作为交换手段的使用在相同的领域迅速减少，但它在近东和埃及的部分地区却维持了很长时间。如上所述，替代的交换手段，特别是易货贸易和实物支付，在整个古代都与硬币系统共存，甚至在经济高度一体化的时候也仍然存在。

硬币的早期传播与希腊的制度和文化有着深刻的联系，并揭示了这一时期社区发展的一些基本情况。冯·雷登（Von Reden）简洁地说：

在古代晚期，硬币在爱琴海地区的传播至少可以部分地解释为硬币在希腊政治群体身份建立过程中的作用。通过日常交流的方式，当地图像的生产和复制创造了社会凝聚力，并通过有意义的符号聚焦于集体政治中心。

早期（以及后来）硬币的刻印传说增强了硬币的效力，它既是一种通过保证金属重量和质量来促进交换的方式，也在相关社区中作为一种话语工具。通常情况下，关于硬币的讨论会强调这种力量自上而下的一面，将重点放在从政治中心向被动接受者传播的链条上。然而，硬币不仅仅是一种支付手段，它本身应该被视为积极的潜在媒介，能够进行广泛的经济和其他交易。在早期政体形成的过程中，硬币被认为是制度变革的催化剂，将权威从神的领域转移到国家机构，而其他人认为硬币激发了希腊哲学的整个思维方式，强调孤立的个人，将抽象的东西置于具体的东西之上。

为了理解这一点，我们必须超越对硬币在经济中的作用的评估，这些评估认为硬币的意义在其铸造的那一刻就已经固定了。铸模的敲击使一枚硬币参与到与货币化经济相关的价值体系中。它的形式和质量——成分、图案、重量等——都表明了该物体作为交换同等价值物体的媒介的特殊作用。然而，在执行过程中，器物有更广泛的可能场所来发挥其作用并实现其价值，这比通常对这些器物感兴趣的学者所承认的要多得多。

例如，罗马帝国早期的硬币主要基于第纳尔（denarius）系统，它将共和国货币化经济的基本结构带入了新千年。重量和成分与货币结构联系在一起，根据参与市场的消费者的需求而波动，例如因日常交易中对小额零钱的需求而发行较小面额的硬币。这些硬币的正面印有皇帝或其家族成员的图像，包括统治者的名字和头衔。反面的类型变化多样，主题丰富，神灵、荣誉、当前事件、纪念碑或文字都很常见。尽管存在这些变化，但有助于对硬币系统相关的程序问题进行编目，这些问题似乎形成了一个规范的、广泛重复的器物类型语料库，为一个相对集中的经济体系服务，满足不同但可预测的经济需求。

然而，对硬币的文化背景评估产生了一系列的研究，这些研究表明，硬币在古代世界的使用方式千差万别，其中许多不能用理性的经济选择或交换来解释。例如，硬币在投票场合、基金会存款和坟墓中的大量出现，表明它们的意义和价值与新定义的目的相比发生了深刻的变化。这可能是金属本身的美学吸引力、物体所承载的形象或其物理特性的某种组合。

例如，在罗马帝国时期，在珠宝中使用硬币是一种既定的做法，古代资料广泛记录了相关图像和描述。作为珠宝，硬币和奖章具有护身符的功能，通过激活它们所承载的图像和装饰的力量来保护佩戴者，就像有图案的宝石一样。虽然硬币可能保留了它们的金属价值，但它们的驱邪潜力更强，这需要一种新的参与和展示模式。这些被重新规定了功能的经济器物显示了其功能的流动性，并直接提醒人们，硬币的使用环境可能涉及意义上的深刻转变，而不需要对器物本身进行改造，就像阿玛西斯的金尿壶那样。

消费和丰富的体验

将硬币作为珠宝佩戴是一个例子，说明一个人可以通过消费行为将物体的意义转移，并将其从以前的环境中移出。如上所述，当物体的意义和（或）价值根据一系列受文化限制的选择而被定位时，消费是一个关于规定经济器物功能的时刻。在古代，消费的机会是充足的，而且在某些时候，人们可以感受到物质上的同一性。丰富的体验——一个以丰富和重复的物体为特征的物质世界，这些物体经常远距离移动——是古典时代希腊和罗马时期一个独特的经济方面。特别是陶瓷器皿（包括精美的有黑色和红色光泽的餐具和作为运输容器的陶罐）的传播，在公元前1000年的后半期和公元1000年的前半期得到强化和加速。这些新类型的陶器几乎在罗马权力所及之处被消费和模仿，有时甚至超出了罗马政治影响力的范围。这在整个帝国的考古发掘中，以及在其名义上的边界之外，揭示了一个普遍存在的容器形式，这些容器适用于全部的家庭功能，即烹饪、服务、储存和运输。这种容器形式的组合在不同的地方并不完全相同，但其共性显而易见，它们显示了连接英国、北非、德国和叙利亚等遥远领域的贸易网络是多么普遍。

在整个罗马帝国时代，陶器金字塔的顶端是所谓的赭色黏土陶器。这些有光泽的精细红陶模仿了公元前1世纪下半叶首次生产于意大利托斯卡纳地区的一种被称为阿雷蒂娜（Arretine）的陶器。

阿雷蒂娜陶器本身是意大利人对前几个世纪进口到意大利大陆的古希腊精制器皿类型的模仿，并于公元前200年至前50年在那不勒斯以南的地方再次被模仿，被称为坎帕纳 A（Campana A）器皿。其紫黑色的表面让人联想到金属容器，以及前几个世纪进口古希腊陶器的深黑色光泽。

这些阿雷蒂娜陶器的各个版本在整个意大利地区以及后来的高卢和西罗马帝国等其他地区被制造，最有名的是来自高卢地区的陶器，它们被称为萨米亚陶器（Samian Ware）。这些罗马时代的红色器皿有许多地域性和时代性的变化，它们的表面坚硬且有光泽，颜色从柔和的粉红色到深红色或橙色不等，倾斜的主体部分精细且光滑。许多款式都饰有印花或轮盘图案，或应用了模制装饰，这些款式模仿并阐述了由阿雷蒂娜陶工首先建立的形状库。

从公元前 1 世纪开始，意大利的赭色黏土陶器就特别受欢迎，当罗马公国在该世纪末建立时，具有类似特征的器皿成为罗马人定居点一致且突出的特征。这些器皿曾经被看作拥抱罗马精英身份的一种方式，现在被认为是当地实践和罗马影响之间进行过碰撞融合而不是直接吸收罗马价值和思想的证据。

即便如此，它们存在的社会意义也很少被讨论；相反，比起它们作为器物的意义，人们通常强调它们作为时间标记和经济联系指标的重要性。然而，作为经济器物的组成部分之一，赭色黏土陶器在整个地中海遗址中的广泛分布和消费持续时间为我们提供了一个机会，以审视它们的丰富性和广泛的统一性。在家庭和其他环境中都有大量这种类型的陶器，被丢弃的赭色黏土陶器碎片构成了家庭碎片中的一个微小而重要的组成部分，这无疑塑造了人们关于这些陶器特定风格和形状的想法，以及附加到它们上的价值和意义。

因此，关键是要确定丰富性和同质性对这种罗马风格的精美器皿意味着什么。我们可以从两个方面入手：第一，在整个帝国范围内，赭色黏土陶器的时间和空间分布；第二，赭色黏土陶器在考古沉积物中的比例及其物理特征。高卢陶器的分布表明它们在罗马帝国西半部乃至整个地中海地区无处不在。萨米亚陶器的市场主导地位最终被北非的制陶业削弱。北非的制陶业早在2世纪就开始生产模仿许多意大利和高卢形式的红陶。这些非洲红陶作坊及其产品最终在3世纪至7世纪的地中海陶器市场上占据主导地位，其分布甚至更加广泛，尤其是在罗马帝国的东半部。

从考古学的角度来看，这些器物无疑在罗马帝国无处不在，甚至超越了其边界，分布的地理范围非常惊人。从时间上看，从公元前1世纪末到7世纪，最容易获得的精美器皿，当然也是消费最广泛的器皿都属于这一类，在大约800年的时间里产生了一种引人注目的相似的审美体验。这些器皿属于一种容易识别的、明显令人向往的、常见的陶瓷类型，具有一致的、基本的物理品质，即使在装饰模式、形状和生产质量发生变化的情况下，也能经久不衰。

赭色黏土陶器在时间和空间上的普遍性显而易见。在一些遗址中，赭色黏土陶器的数量众多。这些特殊的沉积物规模特别大，这与生产基地和港口的垃圾场有关，例如，位于拉格劳费森客（La Graufesenque）的伽罗－罗马生产基地。在该遗址中发现了数十万件废弃的器皿以及生产后破碎的器皿堆积物，同时还发现了与特定工场相关的数字涂鸦。在一些情况下，每个车间被认为生产超过50万个器皿，而公认的拉格劳费森客窑场的单次烧制量约为2.9万件。

除了这些特殊的窑炉堆积物外，港口附近的垃圾场也被记录在案，这说明了货物在被损坏和不再有价值之后被重新处置。这些细小器皿堆积物的形态与在罗马的奥斯蒂亚（Ostia）发现的巨大的双耳瓶堆积物相似（即使规模不一样），其中最著名的是罗马的蒙特－特斯塔奇奥（Monte Testaccio），估计包含4000万到5000万个废弃的双耳瓶。在米奥斯赫尔墨斯（Myos Hormos）的早期罗马港口，整个码头结构都是由废弃的双耳瓶建成的。这些沉淀物以及沉船中的器物套组表明，精美的器皿货物通常由来自单一制造商的大群体主导的，同时也包括来自其他制造商的小群体。某些类型的陶器的倾倒行为，产生了大量异常精美的陶器碎片，这远远超过任何常规活动可能产生的数量。[1]

最近一项关于萨米亚或伽罗－罗马红色陶器（最与其接近的是英国当地的赭色黏土陶器）的研究，产生了一些有用的数据，方便我们评估其在更典型的沉积环境中的丰富性。在1世纪和2世纪的英国农村和城市遗址的广泛样本中，萨米亚陶器一直占陶器套组中预估器皿总数的5%（在农村遗址通常更少），而精细器皿总体上占陶器套组的10%左右。除了进口的赭色黏土陶器，当地相同形式的仿制品也经常出现，尽管颜色和构造略有不同。

在后来阿非利加红釉陶器（ARS）占主导地位的环境中，进口精细器皿的百分比也类似，阿非利加红釉陶器在特定遗址的全部陶器中占很大比例，有时高达10%，达到了餐具总数的一半。这些数字表明了大多数罗马陶器专家本能地观察到：无论赭色黏土陶器的核心产品是什么，都可能在整个帝国的家庭和垃圾堆中出现很多与

---

1 在远古时期，有大量关于安瓿在海上商业和其他场景中的再利用记录，为上述大规模倾倒现象提供了一些背景。——原书注

之相关的"套装"。在古代，人们倾向于成批购买餐具，其原因难以追溯，但最终的结果是，任何能够主导某一地区或市场供应的人都可能大量转运其产品，以满足对陶器套组而非单个器皿的极高需求。

赭色黏土陶器在城市和沿海中心更常见，而在农村遗址或内陆中心则较少出现，当然也有例外。例如，罗马军队在西罗马帝国的存在与赭色黏土陶器作为家庭陶器套组的较高比例有关。在任何地方，任何其他种类的精细器皿碎片的数量都比不上双耳瓶碎片。尽管如此，这些器皿都是餐具的重要组成部分，在考古记录中相对丰富且可见。

赭色黏土陶器的另一个重要特征是在时间和空间上生产的显著同质性。如前所述，质量、形状和装饰的变化可能与不同的地区传统甚至某些作坊有关，但这些变化非常微小。米歇尔·博尼法伊（Michel Bonifay）认为，在4世纪至7世纪，突尼斯阿非利加红釉陶器作坊生产的最常见的器皿变化很小，因此很难区分常见形式的早期和晚期实例。

在罗马帝国，应用模压装饰在早期系列产品中（模仿金属）受到青睐，而从2世纪起的器皿则倾向于采用胭脂红或印花，其图案在几个世纪中重复出现。阿非利加红釉陶器同时采用了这两种装饰类型。这些高水平的标准化非常显著。这表明对统一性的要求是对消费者需求的回应，或许也是生产这些容器的技术手段的结果。从一系列的生产现场来看，人们会使用模具生产许多类型的赭色黏土陶器，用于装饰阿非利加红釉陶器的印章和工具可以被多次使用。在公元前2世纪的意大利和高卢的产品中也可以看到对某些器皿类型的标准测量值[1]，如盘子和杯子。模仿显然是这些制造商的目标，而复制的器物是当时消费者所期望的。这可能确实是这些器物的意义所在。

这是一个在巨大的时间和空间范围内具有显著物理连续性的陶器工业。在许多城市中心，都会存在大量的红色陶器，它们既可能是家庭拥有的完整器皿，也可能是更常见的被丢弃的碎片，分布在墓穴和公共空间的垃圾中。这些碎片与可用器皿之间的触觉和视觉联系很明显，这类器皿与长期稳定的消费传统之间的联系也是如此。

这些器皿数量的增加是社会地位表现中很有意义的一部分，而这些器物本身的相对统一性则表现了以往消费行为的延续性。它们在环境中的丰富性对于建立这种联系和将这些器物确立为具有大众意义的商品至关重要，这在某些时候可能包括声望（与地位不同的东西），但这些概念是由地方文化决定的。丰富性和消费相互联系的概念无疑是罗马社会等级制度的显著特征。在意大利之外，拥有更多的器物，特别是更多的陶器，可能是财富和地位的体现。在这两种情况下，同一性的消费是一种将自己与跨越时间和空间的物质表现谱系（a genealogy of material performance）联系在一起的方式，其中所涉器物的物理质量至关重要。

因此，赭色黏土陶器的物质性对其作为经济器物至关重要，就像硬币的物理品质是其价值和变革潜力的关键。红色的光泽，即使在被丢弃和重复使用时也能看到，而且在形状、装饰和组装上都具

---

1 大致意思是从意大利和高卢的产品中可以看到某类器皿的测量标准。——译者注

有模仿性，它所拥有的物理品质促进了罗马地中海地区各种情况下的交换和消费。毫无疑问，在不同的时间和空间，赭色黏土陶器吸引消费者的原因以及最终被部署或实施的方式都各不相同，但其本质上的同质性是突出经济网络的线索。

结论

在本章的开头，我花了相当多的篇幅来解构具有固定意义或价值的"经济器物"的概念，同时也承认古代有很多器物促进和塑造了交换网络，支持了消费行为，并通过其物质形式调解了关于知识性质的讨论。这里所考虑的每一类器物，如钱币、赭色黏土陶器，以及希罗多德的非凡尿壶和雕像，都突出了经济器物的流通取决于其物质性和物理特性的复杂方式，以及赋予这些方面以意义或价值的社会构架。

对运动的强调，以及这些器物在手与手之间、地点与地点之间的转移也值得注意。无论是万神殿地板的大理石还是构成米奥斯赫尔墨斯码头的陶器，这些器物"来自其他地方"的特性使它们进入了经济器物的范畴。这种位移是一连串交易和转化的结果。这些交易导致它们到达了目的地，在那里继续被有意义地转化。就万神殿的大理石而言，它们被重新整合到一个献祭的神圣环境中，将异教徒的神庙变成了教堂，现在又变成了旅游景点。在米奥斯赫尔墨斯，考古学家找到了双耳瓶，但它们被重新定义为考古证据，并进入一个全新的意义范畴。赭色黏土陶器的运动轨迹几乎是晦涩难懂的，但我们可以体会到这一连串的设定和重新定义，导致它被存放在西罗马帝国某个地方的墓穴中。这是一种消费行为的结果，赋予了它新的含义，那就是成为垃圾。

我们回到希罗多德的金尿壶。在影响知识和改变观察者观点方面，金尿壶具有改造性和变革性。尽管它的转变之路不那么值得夸耀，但它仍然是一种想象中的象征性经济器物。它从卧室被转移到神庙，在工匠的车间里停留，但它的改造并没有抹去它与以前的形式和用途的联系。它的变化形式和再定义是持续的，即它保留了以前联系的痕迹，同时也是阿玛西斯王权所代表的新社会秩序的象征，这一点使它值得被思考。它的流动性在于它的转变状态和它的多重意义。它向我们展示了过去的时间和行为最完整的记录，将所有这些都分解为它的物质特性——有价值的、美丽的和充满意义的。

第四章

日常器物

林·福克斯霍尔

引言

　　用如今的视角来看待遥远的古代生活，我们并不能很好地识别古代世界中人们的日常器物。我们可以这样想：日常器物是那些深深嵌入到日常生活中的器物，它们不可或缺，但又容易被忽视，就像对我们来说的笔、洗碗布和牙刷，或者对古代人来说的抹布、刀和钉子。它们很少在文本中占据突出位置，这正是因为它们在很大程度上并不引人注目，而我们通常只能寄希望于一些参考资料。在视觉和图像资料中，它们有时会出现，但往往是作为背景的一部分。虽然有些是作为考古文物存留下来的，但由于许多因素，更多的可能没有保存下来，这就扭曲了我们对"日常器物"的看法。

　　构成日常器物组合的东西因人而异，因此日常器物转瞬即逝、无法把握的特质变得更加复杂。除了时间和空间上的差异，哪些东西与人们的日常生活密不可分，取决于一系列的社会因素，特别是财富和地位。因此，像古代的彩绘陶器或银质酒器，或者今天的设计师品牌服装，对一些人来说可能是日常的，但对另一些人来说则不是，而有一些人肯定比其他人用更多的日常器物来满足他们的生活。粗略地说，古代世界的大多数人每天接触的日常器物可能相对较少，而我们通过证据可以确定为日常器物的大部分实际都与一小部分上层社会人群密切相关。

一个人每天遇到的所有器物并不一定都属于他们，或者在某种意义上直接属于他们。例如，私人奴隶经常处理一些器物，如精美的纺织品或银杯，这些器物对于经常使用它们的主人来说是日常的；但是这些器物在奴隶的生活中扮演着非常不同的角色，他们并不亲自使用这些器物，而是代表他们的主人与这些器物打交道。

此外，一些日常器物及其被使用（或消费）的频率随着性别、阶级、职业、身份、年龄和个人社会角色等方面而变化。这些方面与财富和地位纠缠在一起，但也超越了财富和地位。实际上，这意味着日常器物的组合对每个人来说都各不相同，并且随着时间的推移而变化，包括一天的时间、季节，以及一个人的生命周期，但它同时也适应集体变化的习惯和时尚。此外，一件器物的日常意义、价值和使用者可能在该器物的生命周期中发生变化。

文本、视觉呈现（visual representations）、其他材料中的印象，以及偶尔的稀有发现，揭示了许多种类的日常器物，这些器物一般不会作为考古文物被复原。其中大部分是由易腐材料制成的器物，包括绳子、纺织品、篮子、木材或皮革；或者是因使用而消耗的器物，如香水或化妆品。这类器物只有在不寻常的环境条件下才会顺其自然被完整地发现，例如在沉船的水渍埋藏物里或埃及的干燥环境中。这并不奇怪，因为即使在我们所处的塑料世界里，许多日常器物仍然容易腐烂。当然，陶器的存世量很大，但大多数与陶器一起使用的易腐烂（或其他很难恢复的）器物的消失，很容易让我们高估它们与其他种类器物相比的"日常"重要性。此外，自然器物如棍子、石头、树桩或树木，虽然服务于特定目标，但其形态是通用的，特别是当我们不知道使用环境时，即使我们找到它们，它们也很难在考古记录中被识别为日常器物。这类器物甚至可能没有特定的主人，任何人都可以使用，例如用来敲打树上的水果或坚果的手杖，用来搬运东西的棍子，井边的绳子和水桶，或者用来关大门的石头。

重视日常器物

要解释考古背景下的日常器物，关键要考虑过去的人如何重视它们。我们重视器物有很多原因。有时它们的经济和（或）声望价值是它们珍贵的关键。但是，那些舒适的、为人们所熟悉的、具有重要的实用价值或情感价值的日常器物，也许会以其他方式成为我们生活的一部分，不可或缺。它们可能也会同样受到珍视，即使它们没有声望，价格也不昂贵。

在奥林托斯（Olynthos，超过100座房屋）和哈利埃斯（Halieis，约有25座房屋，其中5座已完全发掘）的遗址中，有大量可追溯到公元前5世纪至前4世纪的希腊房屋被发掘出来。这些文物材料可以与个别建筑联系起来，使我们能够将通过视觉和书面资料了解到的家庭器物与我们在房屋中发现和未发现的遗留物进行使用方式上的比较。例如，内韦特（Nevett）对600个阿提克（Attic）红色花瓶样本上描绘的与人相关的器物进行了有效分析。经常被描绘为与女性相关的器物包括椅子、凳子、脚凳、镜子、小箱子、羊毛篮子，包括阿拉巴斯特拉（alabastra）和莱基索伊（lekythoi）在内的小容器，以及各种垫子、衣服和纺织品。男性普遍出现在体操和沐浴场景中，并且伴随着阿利巴罗伊（aryballoi，盛芬芳油类的圆瓶）和锶基尔（Strigil，古希腊或古罗马人用的刮身板、搔肤器）。绘有座谈会场景的花瓶经常展示一系列正在使用的和挂在墙上的餐饮器皿，以及带有纺织品和靠垫的家具（沙发和桌子）。

在奥林托斯的发现很有意思，虽然出于一些原因，数据收集并不完美，但我们确实能够知道，公元前348年，在马其顿的菲利普（Philip of Macedon）入侵并占领该城时，大多数居民在相当短的时间内离开了。对于罗马世界来说，庞贝城（Pompeii）中一些没有受到太大影响的房屋也同样提供了重要的信息，它们说明在79年火山爆发时，人们选择带走或留下什么器物。艾莉森（Allison）通过研究与米南德之家（House of Menander）岛中个别房屋相关的家庭系列产品，提供了一个有用的数据，这个数据与通过研究奥林托斯和哈利埃斯的古希腊系列产品而得出的结论大致相当。表4-1总结了5个样本房屋的数据。然而，庞贝的房屋和罗马意大利的许多房屋一样，使用的时间要比奥林托斯和哈利埃斯的古希腊房屋长得多，因此很难确定一件器物在房屋的生命周期中何时开始使用或使用了多长时间。另外，庞贝城被遗弃的特殊情况也许并不能完全体现人们对器物的选择。因此，我们必须谨慎地解释这些材料。

这些遗址的遗弃过程使我们能够深入了解人们与便携式日常器物之间的关系。在这些考古背景下，最有价值的日常器物通常不是人们处置或留下的器物，所以通常我们没有办法发现它们。这一点得到了阿提克石碑（The Attic Stelae）等文本的支持。阿提克石碑记载了公元前415年雅典官方没收被起诉之人家中器物的清单，这些器物由国家进行拍卖。显然，似乎许多有价值的器物在地方官没收并出售之前，已经被它们的主人和其他势力拿走或处理掉了。在奥林托斯和庞贝，人们在面对即将到来的灾难时遗弃了部分器物，很可能带走了他们认为最重要的东西。

表4-1　5座庞贝房屋中被记录的日常器物（艾莉森，2006年）

	I号房 10,1	I号房 10,2-3	I号房 10,4	I号房 10,7	I号房 10,8	I号房 10,10-11
刀或刀片			6	10	3	1
钩、嘴钩或修剪刀	1		32	3		7
镰刀						
鹤嘴锄			2			
锄头			1			
铲子或铁锹			19	3	1	
叉子				3		
耙				1		
斧头				1		

	I号房 10,1	I号房 10,2-3	I号房 10,4	I号房 10,7	I号房 10,8	I号房 10,10-11
叉			9	3		5
凿子			3	2	1	
锤			1	24		
锯				2	1	
文件				1		1
凿槽（木工）				9		
大钳			1	1		
剪刀				2		
夹			1	1		
鱼钩				1		
主轴			2（骨头）		1	
织机	1	2	10	3	1	1
针			1（骨头）1（青铜）	3（骨头）；11（青铜）；2（青铜/骨头）	1（青铜）	
手术刀				6		
锶基尔	1（青铜）		2（青铜）1碎片（铁）	2（青铜）		
剃刀				3		
镜子				1		

	I号房 10,1	I号房 10,2-3	I号房 10,4	I号房 10,7	I号房 10,8	I号房 10,10-11
珠宝		1件吊坠（青铜）	2个手镯（金）；1个手镯（青铜）；1枚戒指（金制），由骨头制成；3枚戒指（金）；3枚戒指（青铜）；1枚邮票密封圈（青铜）；1个卡在钥匙上的戒指（银色）；2个环（铁），有指骨；1个脚链（银色），由骨头制成；3件吊坠（青铜）；装有黄金珠宝的箱子[表4-2]	项链、耳环、橱柜里的戒指（金）；1枚戒指（金）3枚戒指（青铜）；双耳环（金）	3件吊坠（青铜）；1枚戒指（铁）	
厕所、化妆品、医疗器械	1	2	1	13		2
勺子		1（骨头）	19（银，存放在箱子里）；1（银，也可能是骨头）；1（骨头）；1（青铜）			

一旦房子被遗弃，留下的任何东西都可能被劫掠者抢走。因此，除了一些幸存的重要器物，考古学家通常只能找到人们认为最不重要的东西。合乎逻辑的推论是，我们没有找到的东西，尤其是在没有经济价值的情况下，有可能是最有意义和（或）最重要的东西——人们认为它们是日常器物的最好体现。

然而，还有一些复杂的情况。来自其他地方的额外无用的垃圾和废物经常被倾倒在废弃的房屋场地上。有时定居点被大规模遗弃后不久，部分就又被重新占领（奥林托斯也在一定程度上发生了这种情况）。擅自占地者也可能占据废弃的房屋，或者曾经是房屋的建筑物可能被重新用于非家庭用途。我们总是很难把这种在房屋被重新利用阶段所存放的器物与那些在房屋被废弃之前（即房屋使用期）存放的器物区分开来。

与房屋使用期有关的器物中，不太可能留下许多明显昂贵的器物，如金属器皿，因为这些器物会被拿走或掠夺。我们猜不出哪些易腐器物可能被遗留下来。一些衣服和家用纺织品会被带走，因为它们具有经济价值，有时还具有意义。一些可能会被完整带走的器物，如果破损或不完整了也很可能被留下。其结果是，这类器物偶尔会出现在房屋系列产品中，但并不像我们预期的那样频繁。有些器物被留下可能是因为它们太重、太笨拙或太脆弱而无法运输。

我们预计被使用但没有发现的器物主要分为两类：工具和个人器物。铁和青铜工具，包括刀，在希腊的房屋组合中很罕见，比在庞贝的要少。在表4-1中的5个庞贝家庭器物组合样本中，没有一所房子有大量的刀具，这种小型的通用工具具有广泛的用途，人们肯定会倾向于离开时带走（数量最多的是I号房10,7，有10把）。然而，I号房10,4和I号房10,7两座房子有大量的木工工具和农业工具留了下来。在哈利埃斯，我们发现了一把菜刀、一把铲子、一把修枝刀、两个矛头，以及一些刀刃和镰刀刃。

在奥林托斯，一系列的刀片和工具一次性或少量出现，但在整个遗址中相对罕见。阿提克石碑显示，农业和其他类型的工具，有时是多件的，是古希腊家庭设备的重要组成部分，尽管这些文本表明许多工具被保存在田间的储藏建筑中，而不是在家庭房屋中。这可能从某种角度解释了它们在房屋组合中的缺失，尤其是在城市中。工具既有经济价值也有实用价值，但个人也可能会喜欢上某个特定的工具，或者赋予它情感上的价值。

织布机砝码和纺锤——主要是妇女在纺织品制造中使用的编织工具，出现的数量比预期的要少。几乎没有古希腊人的房子中有足够的织布机砝码来操作经加重织机[1]。在奥林托斯发现的大多数织布机砝码似乎是被储存起来的，而不是在织布机上使用的（这里低估了一台织布机所需的砝码数量，而且许多所谓的织布室是储存区）。5座完全发掘的哈利埃斯房子里有8到25个织布机砝码，大部分是以1件或2件为单位进行存放的。同样，在表4-1中的5座庞贝房屋样本中，只有极少数量的织布机砝码和锭子。我们之所以很少发现大量的织布机砝码和其他编织工具，是因为妇女重视它们，虽然它们

1　经加重织机是一种简单而古老的织机形式，其中经纱自由地悬挂在由直立的杆支撑的杆上，该杆可以方便地相对于墙壁倾斜放置。经线束与称为织机重物的悬挂重物捆绑在一起，以保持纱线绷紧。在中欧的新石器时代出现了经纬织机的证据。它被描绘在希腊青铜时代的人工制品中，在整个欧洲都很普遍，直到现代斯堪的纳维亚半岛仍在使用。——译者注

本身并不值钱，但是当她们抛弃房屋时，她们会带走大部分织布机。

个人器物在古希腊的房屋中很少见，但在庞贝却比较常见，那里被遗弃的规模更大，也可能更频繁（表4-1）。在奥林托斯，有几种适合装香油的小瓶子[古塔（guttae）、小莱基索伊、阿拉巴斯特拉]经常出现；但相比之下，只有3种出现在哈利埃斯（迷你的莱基索伊：7-HP2686室；下沉的莱基索伊：A-HP2987室、D-HP2587室）。与个人身体护理有关的器物，如马桶套、镊子、耳勺和化妆铲，没有出现在哈利埃斯的任何房子里。在奥林托斯，化妆铲的数量很少。有16个化妆铲被清点出来，其中8个都来自房屋，没有一个出现在坟墓里。镊子和耳勺也是如此：编目中的7把镊子和8只耳勺都来自房屋或街道，而不是坟墓。

相比之下，使用刮胡刀和剃刀的模式则完全不同，这些工具一定是在家庭环境中经常使用的日常器物。这些器物在房屋中很罕见，即使在庞贝也是如此（见表4-1）。在哈利埃斯，发现了两个刮胡刀（HM1364，HM1189）、一个碎片和一个剃刀（HM1377），都在D屋。在清点的53件刮胡刀中，只有两件是在房屋中发现的（522号刮胡刀碎片，A-1号房屋；544号刮胡刀，A vii 2号房屋a室）。其余的则埋藏在墓穴中，包括男性和女性的墓穴，偶尔也埋藏在儿童墓穴中。264号墓是一个很好的例子，它是一个同时含有刮胡刀和织机重物的女性坟墓（后者在坟墓中相当罕见）。在雅典的视觉资料中，镫骨常与男性联系在一起，尤其是在体育馆和田径场的环境下，但它们的使用显然不限于男性。剃刀也可以由男性和女性共同使用。

人们从奥林托斯清点出10面铜镜，但真实数量可能会更多。镜子或其碎片偶尔会出现在奥林托斯的房屋中。它们更多地出现在女性的坟墓中。哈利埃斯没有这些东西（有一个铜盘的碎片，可能是镜子的一部分，但并不确定，A-HM1200号房），表4-1中的庞贝房屋中只出现一个。当然，这些东西似乎出于个人和经济原因，都有足够的理由被带走。

在表4-1和4-2中的庞贝房屋组合样本中，很明显，我们发现的一些珠宝是被人佩戴的，或者是被试图逃跑的人掉落的。只有两座房屋有大量的珠宝：在I号房10, 4的一个箱子里存放着26件黄金珠宝（表4-2），在I号房10, 7的一个柜子里发现了存放在一起的3件黄金珠宝。我们发现了一个确认的带有名字的戒指上刻有邮票印章，还有几个青铜和黄金戒指上刻有可能被用作邮票印章的图像。

青铜首饰，包括扣针（fibulae）、耳环、吊坠、手镯和戒指，以及各种材质的珠子，在哈利埃斯和奥林托斯的房子里都有少量出现。大多数被发现的珠宝并不昂贵，像单耳环或手镯等器物可能只是偶然丢失的。在该市北山和别墅区的房屋内和周围发现了23个单耳环或其碎片，而有32个耳环（包括13对）存放在坟墓里。有趣的是，它们只出现在高于成年人肩部的女孩坟墓中，这表明它们被佩戴过。

表4-2　庞贝城，I号房10, 4：箱子里的一桶黄金珠宝

器物类型	器物数
球	1
小盒	1
手镯	2
项链	2

器物类型	器物数
耳环	6（3对）
戒指	11
发夹	1
别针	2

虽然有大量的文字和考古学证据表明，个人印章被广泛使用，这些印章以青铜戒指的形式出现，不一定是特别昂贵的珠宝，但在房屋中发现的印章或刻有印章的戒指相对较少。在奥林托斯，人们只发现了4枚印章或刻有印章的器物，唯一有出处的来自A v 9号房e室。刻有印章的戒指更为常见。这些戒指几乎都是青铜的，只有3个是银质的。它们中至少有30个是在房屋或街道上发现的，但至少有58个戒指来自坟墓，尽管不清楚这些是否都是印章戒指。据推测，由于这些戒指与个人甚至是正式的身份有关（正如它们经常埋藏在坟墓中所表明的那样），居民通常会将它们带走，因此它们在房屋中并不常见。在坟墓中，它们总是在尸体的左侧，可以想象它们应该是戴在左手第三个手指上的。在一个公元前4世纪的坟墓中，印章戒指的年代是在公元前430年之前，这表明它是一个传家宝（河滨公墓，4号墓，468号）。

在哈利埃斯，尽管有许多其他的青铜珠宝碎片出现在房子里，但印章是罕见的。在A室（HM1360）发现了一个青铜印环。一枚圆形铜章出现在E室（HC815），一枚圆柱形印章出现在D室（HS517）。

房屋被遗弃时，某些类别的器物似乎经常被丢弃。第一种是家具，在希腊和罗马的房屋中都有很多间接证据。当人们被迫离开时，它们可能不便于携带，通常被认为不如其他种类的器物重要。第二类包括陶俑、半身像和装饰牌。第三类是微型花瓶。在奥林托斯，两件或两件以上的陶俑、半身像或装饰牌经常出现在房屋中，少数房屋有大量的陶俑。同样，微型陶器也很常见，大多数情况下是一两件，但在少数情况下会发现微型陶器"套装"。卡西尔（Cahill）将它们解释为仪式性器物。但如果是这样的话，人们可能会认为这些器物更有价值，是有意义的个人或家庭器物，在遗弃房屋时会将它们带走。雕像和微型容器也经常出现在哈利埃斯的房子里，但数量少得多，其中至少有一个雕像是青铜的。

如果小雕像和类似的装饰品不管是在仪式上还是在其他方面都具有深远的意义，那么为什么它们在主人离开时没有被带走？也许这种情况表明，它们主要是装饰物（遗弃房屋时，审美价值不如其他价值重要），或者它们有一些其他非仪式性的功能，例如作为玩具。

事实上，古希腊家庭中基本上没有明确的仪式或魔法性质的便携器物。在奥林托斯，在"喜剧演员之家"（House of the Conedian）发现的两颗怪异头像形状的珠子可能是护身符。在房屋和其他建筑中出现的魔法器物，如诅咒片，似乎大多是在房屋被遗弃后存放的。然而，在公元前4世纪至前3世纪的雅典，一组房屋和建筑中的祭祀埋藏物备受讨论，其中一些明显与工艺活动有关，记录了房屋在被占领期间和偶然废弃后进行的涉及动物祭祀的仪式。罗特罗夫（Rotroff）认为，这些要么与保护工人免受不幸或伤害相关，要么与工业事故的有关净化仪式相关。

以下章节将更深入地探讨各行各业和各个时期的人们每天都能遇到的特定功能类别的器物。其目的是调查这些器物是如何被使用的，由谁使用的，以及这些器物本身及其用途在不同的社会、时间和区域背景下如何变化。

火

无论人们在社会中的地位如何，每个人每天都会以某种方式遇到火。然而，要想在取暖、照明和烹饪方面发挥作用，火必须被"驯化"，并以文化上的特定方式通过物体来调和使用。木头和木炭都能在房子里燃烧，但后者更昂贵，可能在城市中更常用。木头会产生更多的烟，而木炭会产生一氧化碳，在通风不良的地方可能会带来问题。固定的炉灶在古典时期和希腊化时期（Hellenistic periods）的房屋中比较少见：在奥林托斯只有7个，在雅典阿戈拉附近发掘的房屋中有1个，在哈利埃斯有3个。它们有时是在院子里［如在科洛芬（Kolophon）］，而不是在房间里，这表明它们主要的实用功能是作为夏季的烹饪设备。

在取暖和烹饪方面，小型的便携式烧炭炉和类似的烹饪设备可能更为常见，并随着季节的变化而在房屋内移动。这些炉子很低，一般来说似乎是放在地上使用的。然而，它们几乎从未在房屋的原始使用环境中被发现。[1]我们所知道的炉子几乎都是陶制的，尽管过去的人们

---

1 就是说正常情况下火炉应该是在家里发现的，但是这些炉子发现的地方都不在它应该在的原始使用环境之中，而是在其他地方，比如在水井里。——译者注

有可能使用过一些金属火炉，但它们没有被保存下来。奥林托斯有一个罕见的青铜炉，在房子被遗弃前它被埋在一个房间的角落里，这表明主人很重视它，希望能回来取走它。在雅典发现火炉的环境中，有11个是水井，水井干涸后通常用作垃圾场；有5个是其他类型的填充层，大多与建筑或装修有关。雅典的大多数陶瓷炉子都是从水井中发现的，它们被打碎和丢弃后不再使用，被倾倒在水井中。在雅典阿戈拉周围地区发现的16个有明确背景的炉灶和类似烹饪装置的遗迹中，只有一个是在房子里（表4-3）。在那里的大理石工场发现了两个零碎火炉，但它们可能是公元前4世纪中叶建筑改变用途时堆放在地板上的垃圾和大理石碎屑的一部分，原本不在这里。

炉子的使用、发现地点和处置模式表明，人们通常在房子腾空或被遗弃时把它们移走，除非它们坏了或无法使用。看来，即使是陶制火炉也很有价值，尽管它们并不十分昂贵——主人对它们的依恋很可能已经超出了它们纯粹的实用功能。在古希腊文化中，炉灶的象征性概念（无论它们在大多数房屋中是否存在）体现在炉灶女神赫斯提亚的名字中，炉灶是家庭宗教活动的核心要素。在壁炉上举行的仪式与家庭的生命周期及其成员的变化非常相关。这包括接受新生儿或新的奴隶进入家庭，同时婚礼仪式的内容也都集中在新郎和新娘家的炉灶前。在实践中，对于大多数古希腊家庭来说，炉子在实际和象征意义上都是"壁炉"，这可能为人们不抛弃它们提供了额外的原因。陶制火炉是最平凡的日常器物之一，很好地说明了普通生活和宗教是如何密不可分的。没有温暖和烹饪，房子就无法正常生活，因此，试图确保家庭长期顺利运作的仪式集中在这个不起眼的器物上。这个解释似乎很恰当。

表 4-3　雅典广场、烹饪设备及其考古背景

器物编号	器物描述	背景编号	背景描述
2020	三脚架（P23129）	公元前5世纪前后	
2017	圆柱形支架／马蹄形火盆	A 18－19:1	公元前500年至前450年；在基岩中的埋藏物，陶片填充物
2039	埃沙拉[1]（Eschara）	C 12:2	公元前375年至前325年；井深18.12米。倾倒的材料可追溯至公元前4世纪下半叶。直到公元前3世纪才被埋藏
2035	埃沙拉	C 12:2	公元前375年至前325年；井深18.12米；倾倒的填充物可追溯到4世纪的50年代至80年代。直到3世纪才埋藏
2033	埃沙拉，残缺不全，看起来像是填充物的一部分	C 19:5（b）	公元前5世纪晚期至前4世纪上半叶；房屋填充物；b代表大理石工作区的两种填充物，一种来自房屋用作商店时期，另一种倾倒在其上，不易区分
2040	埃沙拉，残缺不全，看起来像是填充物的一部分	C 19:5（b）	公元前5世纪晚期至前4世纪上半叶；房屋填充物；b代表大理石工作区的两种填充物，一种来自房屋用作商店时期，另一种倾倒在其上，不易区分
2034	埃沙拉	F 11:2-U	公元前4世纪下半叶；是蜂巢墓（Tholos）西部早期水井和蓄水池系统的一部分。包括 G 11:4
2037	埃沙拉	G 11:4	公元前4世纪下半叶；是蜂巢墓西部早期水井和蓄水池系统（F 11:2）的一部分

1　埃沙拉：希腊宗教中祭坛的名称。——译者注

器物编号	器物描述	背景编号	背景描述
2029	埃沙拉	G 13:1	公元前 500 年至前 475 年及以后；碎片填充在基岩上，大部分是公元前 5 世纪，阿戈拉 IV
2019	圆柱形支架或火盆，马蹄形，5 世纪后半叶的典型器物	G 18:1-M	公元前 475 年至前 410 年；三次倾倒清理后的家居垃圾中的第二次
2028	埃沙拉	G 3:1	公元前 500 年至前 470 年；坑，残片填充。燃烧的痕迹相当大。阿戈拉 IV；赫斯佩里亚 9（1940）：300，中心
2038	埃沙拉	H 7:1	公元前 435 年至前 425 年；在宙斯城堡的挡土墙后面，填充被确认为陶器作坊一部分的碎片，这些碎片在城堡建成时被摧毁
2023	桶形锅。可与 5 世纪末的科林斯井填土的例子（C-27-354）相媲美	J 18:4-L	公元前 550 年；储藏坑，家用陶器，上面刻有名字塔姆涅斯（Thamneus）。赫斯佩里亚 17（1948）：159-60
2022	烹饪钟	M 20:3-L	公元前 400 年至前 380 年或更久远；挖掘至 9.3 米；曾有过两次倾倒填充行为，由 2 米厚的泥浆隔开
2018	圆柱形支架/火盆，马蹄形	N 7:3	公元前 460 年至前 440 年；在墙体倒塌的地方，清理至 10 米，过去的填料没有达到此高度，因此这可能是被占用后的情况；餐具和家用设备的存放

器物编号	器物描述	背景编号	背景描述
2030	埃沙拉	N 7:3	公元前 460 年至前 440 年；在墙体倒塌的地方，清理至 10 米，过去的填料没有达到此高度，因此这可能是被占用后的情况；餐具和家用设备的存放
2036	埃沙拉	O 18:2	公元前 350 年至前 320 年；挖掘深度为 6.25 米，埋藏物中有许多陶俑
2027	烤箱	O 19:4-U	公元前 350 年至前 320 年；挖掘深度为 6.25 米，埋藏物中有许多陶俑
2021	烹饪钟	Q 13:5	公元前 590 年至前 490 年；1 号桥墩对面的阿塔洛斯（Attalos）廊庑排水沟下方的井，挖掘至 9.7 米；被确认为是波斯人洗劫后在清理中丢掉的陶器店的存货
2016	圆柱形支架 /火盆，马蹄形	Q 13:5	公元前 575 年至前 540 年；挖掘至廊庑露台喷泉下方 5.3 米，填充物被倾倒至此
2026	烤箱	Q 13:5	公元前 575 年至前 540 年；挖掘到廊庑阶地喷泉下方 5.3 米，填充物被倾倒至此；同一遗迹包括至少 6 个其他器物的碎片
2031	埃沙拉	R 13:5	公元前 20 至前 390 年；井深 8.5 米，填充物被倾倒至此，底部有大量屋顶瓦，少量精细的餐桌用具
2032	埃沙拉		可能是公元前 4 世纪下半叶

在罗马庞贝的高级住宅中（像许多其他罗马住宅一样），有专门的厨房，有一个固定的烹饪平台或炉灶，以及一个巨大的长方形长凳。艾莉森对30座房屋进行研究，发现了44个厨房区域。一些富丽堂皇的房屋不止一个炉灶，这表明它们可能用于为不同的人群或在一年中的不同时间做饭。铁制火炉也出现在房屋和花园区域，艾莉森认为这些火炉与壁炉的烹饪方式不同。如此多的带有大型固定炉灶和烹饪设备的厨房也表明，它们可能是展示富裕家庭燃料消费的一种方式。虽然厨房区域和炉灶偶尔会位于家庭神灵的图像或神龛附近，但情况并非总是如此。

灯具及照明

庞贝的厨房里经常出现灯（一般只有一盏或两盏），这意味着夜间做饭是多么困难：一堆好的热煤能够发出的光非常少，而在黑暗中处理一壶沸腾的液体有致命的危险。因此最有可能的是，在各个时期的古希腊罗马房屋中，大多数主要活动包括烹饪操作，都是在白天进行的。

陶瓷和金属油灯及其他照明设备，如火把和灯笼，是无处不在的日常器物，无论多么微小，它们都是在夜间或黑暗空间中进行任何行动或活动的必需品。虽然有火把的实物呈现，而且从文本中知道一些火把的使用方式和时间，但我们对其使用范围的了解很有限。我们对灯及其用途的了解更多。古希腊罗马的陶瓷油灯产生的光线非常少——对于一个正常的单芯灯来说，大约相当于一根蜡烛，或1流明[1]。

1　流明（lumen，符号 Cm）是光通量的国际单位。——编者注

相比之下，一个相当于25瓦的昏暗现代电灯泡能产生200流明；一个相当于40瓦的灯泡能产生400流明。大多数现代厨房都不止一个低功率灯泡。事实上，除了上层人士的用餐、娱乐及一些宗教仪式外，大多数人都不会在黑暗中做大量的事情，因为人工照明不足，且花费过于昂贵。

虽然在古希腊罗马的房屋中经常发现灯具，但比人们预期的要少，而且发现的地点很重要，因为它们一般表明，我们找到的灯具被遗弃时并没有被使用。在奥林托斯的古希腊城市房屋中，陶瓷灯少量出现在烹饪和储藏区域 [包括帕斯塔斯（Pastas），庭院中的有顶区域]，偶尔也出现在餐厅。在发现有灯的41座房屋中，一半以上（23座）有1—3盏灯（表4-4）。只有两座房子有8盏以上的灯，这两座房子似乎都是商业场所。A iv 9区域（16盏灯）包括3家商店；A v 7区域（20盏灯）由一个大院子旁的不规则房间组成，在那里发现了大量的硬币（61枚）。有些活动也许与商业有关，可能是天黑

表4-4　奥林托斯，单个房屋中发现的灯具数量

（n=41）

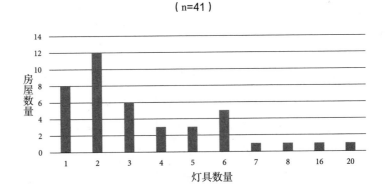

后进行的，或者需要额外的灯光。这也可能是为何一些房子有8盏灯（A v 10区域，有两个商店）。在阿提克农村，"变化之家"（Vari House）有两盏灯，还有两三盏灯的小碎片；而更精致的"德玛之家"（Dema House）有两盏灯，还有6盏灯的碎片。这些小碎片表明，灯在最后的房屋占领时期很可能没有被使用。

这种模式与罗马房屋的相似。公元前70年至前60年，昆图斯·傅尔维乌斯（Quintus Fulvius）的房子在科萨（Cosa）的一次破坏事件中被毁。这座房子是在这次破坏事件发生前不久由以前的建筑改造而成的，居住在这里的可能是该镇最上层的家庭之一。然而，人们只找到了9个可能与这所房子使用阶段有关的陶瓷灯，其中只有1盏大致完整，大多数都非常破旧且零碎。这些碎片中有3盏是在蓄水池中发现的，1盏是在粪坑中发现的（在夜间上厕所的时候不小心掉进去的？），还有3盏是在房子外面的街道上发现的。虽然这可能是破坏事件的结果，但也有可能是其中一些灯在之前就坏掉了，不再使用，被当作垃圾丢弃。然而，在这种级别的房子里，居住者似乎也有可能使用过金属灯和其他不太可能在考古记录中存留的照明设备。

庞贝城的照明证据很复杂，格里菲斯（Griffiths）对其进行了深入的分析和讨论。来自奇鲁戈之家（Casa del Chirugo）的材料给我们提供了一个机会，从公元前2世纪中叶到79年火山爆发的5个阶段，我们可以看到人们在火山爆发放弃该镇之前，不同阶段使用灯具数量的变化。从火山爆发前的房屋使用阶段中共发现了50盏灯，但其中任何一个阶段的数量都很少：约公元前150年至前100年有4盏；约公元前100年至前25年有0盏；约公元前25年至15/25年有

23盏；约15/25年至62年有13盏；约62年至79年有10盏。

火山爆发时，在可以相当准确地确定灯的位置的庞贝房屋中，我们发现的灯的存放模式让人联想到奥林托斯，甚至在不同大小的房屋中也是如此，也许是因为这两个城镇都在短时间内被遗弃。例如，阿拉·马西玛之家（Casa della Ara Massima，200平方米）就其规模而言有大量的灯：27盏陶灯和3盏铜灯，但其中20盏陶灯存放在一个房间里。I 10.8室（265平方米）有10盏灯和1个青铜灯台，但其中7盏灯都在一个储藏室里。铁匠之家（Casa del Fabbro，I 10.7，320平方米）有12个陶灯和5个青铜照明设备，其中大部分在一间餐厅里，可能是作为餐厅用具使用的。埃菲博之家（Casa del Efebo，I 7.10-12，650平方米）有35盏陶灯，除了1盏以外，其他的都在两个房间里存放着。

有趣的是，即使在最富有的庞贝人的房子里，绝大多数的灯具和照明设备都是陶制的，而且大部分都被储存起来了（在某些情况下这可能是人们在遗弃过程中有意为之）。尽管如此，似乎有可能像更早的奥林托斯一样，并非所有的灯都在同一时间被使用。很有可能一些灯和其他灯具随着逃亡的居民而去。在试图逃离米南德之家的10个人的尸体上发现了陶灯和一到两盏青铜灯笼，这些灯可能是帮助他们照明寻找出路的。

公元前3世纪的一份引人注目的纸莎草纸文件可以帮助我们进一步深入了解人工照明的使用地点和方式。这张纸莎草纸可能属于泽农（Zenon）的档案馆，泽农管理着托勒密二世（King Ptolemy II）时期一位重要官员阿波罗尼奥斯（Apollonios）的遗产账户。它记录了分配给特定个人的灯油的每日限额，如表4-5所示。

表 4-5　阿波罗尼奥斯庄园的灯油

收件人	科蒂莱	毫升 *	照明时间 **
阿瑟纳戈拉斯会计师事务所	1	270	18
德米特里奥斯会计师事务所	1	270	18
迪奥尼索多罗斯会计师事务所	0.5	135	9
抄写员办公室——伊亚托克斯	1	270	18
抄写员办公室——阿特米多罗	0.5	135	9
菲利诺斯面包店	0.5	135	9
班纳奥斯银库	0.25	67.5	4.5
管家储藏室	0.25	67.5	4.5
菲利西奥斯和梅诺多罗斯	0.25	67.5	4.5
派伦，管家记录员	0.125	33.75	2.25
赫罗芬托斯	0.125	33.75	2.25
赫拉克莱德斯，马厩服务员	0.25	67.5	4.5
索伦，马厩服务员	0.25	67.5	4.5
尤布洛斯	0.25	67.5	4.5

* 在不同的地方，科蒂莱（Kotylai）的体积在 250 至 330 毫升之间。270 毫升是一个近似值。

** 基于格里菲斯的陶灯实验。金属灯可能效率更高。1 科蒂莱 =270 毫升。

1 盏灯：18—20 小时
2 盏灯：9—10 小时
3 盏灯：4.5—5 小时
4 盏灯：2.25—2.5 小时

　　在埃及，灯油通常是蓖麻油和芝麻油，而不是地中海地区的橄榄油。灯油分配的主要对象是会计、文员、面包师、擦拭并看守银器的人、管家、马厩服务员、洗浴服务员，以及在宗教节日中负有特殊职责的各种圣所服务员（包括维护圣所的照明设施），尤其是为这些节日做饭的人。其中一笔拨款指定给"晚上为塞拉皮姆（Serapeum）做饭的人"，这再次表明天黑后大规模做饭是不普遍的。一些收到分配灯油的人在夜间工作，其他一些人很可能在黑暗的环境中工作，如面包房和储藏室。从表4–5可以看出，其中一些人被分配的灯油相当有限。让一盏灯点燃两小时最少需要八分之一科蒂莱的灯油，所以这些分配的灯油一般最多只能提供几个小时的照明。

容器和陶制品

陶器在古代的各个时期无处不在，而且可能是古代世界的日常器物。1世纪，迪奥·克里索托姆（Dio Chrysostom）描述了他在欧博亚（Euboea）的一个偏远地区遇到的贫穷农民或猎人，这些穷人逐一列出了他们为数不多的工具和财产，却不屑于对陶器进行清点，因为除了陶罐之外，还有许多东西是用烧制和未烧制的黏土制成的，包括瓦片、建筑构件、纺锤轮、织布机的砝码，以及装饰、纪念品和玩具，黏土通常用作建筑材料和石膏。

最常见的精细器皿和装饰花瓶并不是使用最多的陶器种类。大多数古希腊的餐具都是普通的黑色滑面陶器，而日常使用的大多数陶器都没有滑面，也没有装饰。罗马人完善了大规模生产精美装饰餐具的艺术，高卢的勒祖（Lezoux）和拉格劳费森客用模具制造的红滑产品，以及古代晚期的非洲红滑陶器都证明了这一点。尽管如此，在整个古典时期，实用的器皿在日常生活中更为重要，陶工们善于制定黏土配方，从特定的来源选择和提炼黏土，并将之与其他成分如沙子、云母和碎石、磨碎的烧制陶器或有机物混合，生产出一系列适合特定用途的高度标准化的容器和器物。他们可以用坚硬的物质制作抗热震的烹饪锅，以及柔软多孔的水罐（pot）。水罐能让水分通过罐壁蒸发，并使水保持一定的温度。

大型厚壁贮藏器[皮托伊（pithoi）或多利亚（dolia）]和较小的、更便于携带的双耳瓶用来装各种食品，有时还会被涂上树脂或其他物质以改善保存环境。制造非常大的容器，如皮托伊或高效的烹饪锅，在技术上更具挑战性，在某些情况下需要更多的专业材料，而不像制造基本精细餐具那样。很可能的情况是，许多传统上被忽视的实用器皿比一些餐具更有价值，更受重视。

陶器和陶瓷制品往往与其他普通器物和材料搭配，比如带有木盖的陶罐，但本质等其他器物几乎无法保存至今。富人的餐具也包括金属器物，或者在某些情况下金属可能完全取代了陶瓷。盛放大块肉或其他精致菜肴的器物，其希腊语是pinax。该词的字面意思是一块板子，因此过去的人们有可能使用木板盘子，但这些都已基本消失。虽然古希腊罗马陶器中有陶盘，但与碗和杯的数量相比，它们相对罕见。一些烹饪用的锅碗瓢盆是青铜的，许多器具如三脚架、烤盘、磨刀器、勺子和刀子都是用金属制成的，但是金属器具的存世量相对较少。许多编制、木制、皮革或皮制和纺织工具，如篮子、桨、皮制容器、筛子、麻袋、网和垫子等，也通常与陶器一起使用。一些陶器的使用取决于由已经消失于世的其他材料制成的部分。例如，许多现存的不太结实的陶臼，如果使用石头或陶瓷杵，就会破碎，所以当时人们很可能使用了木质的杵或捣器。锅经常通过手柄挂在墙上或用绳子吊起来，而锅的手柄上面非常适合系上布条。颈部狭窄的瓶子表明塞子是有机材料（软木、木头、布）制成的。盖子有时是陶的，但也可能是木头或金属制成的。因此，陶器在古代世界中成为如此重要的日常器物，并不仅仅是因为它的耐用性和普遍性，而是因为它与其他材料制成的器物相结合而具有的多功能性和实用性。

烧制的黏土是一种有弹性的材料，所以破碎的罐子和瓦片经常被人们重新利用。陶罐被回收用于制作排水管和圆底炊具的支架。破碎的陶器被重新用于其他用途，包括填补道路上的孔洞，以及作为标注古希腊被放逐者姓名的陶片（Ostraca）。在各个时期的墓葬中，皮托伊或多利亚和陶罐都被回收作为装尸体或骨灰的容器。屋顶瓦片的碎片有时被塑造成具有其他用途的器物，如盖子或砝码。

陶瓷织布机砝码的再利用经常被记录在案。梅塔蓬托（Metaponto）乡下的两个遗址提供了很好的例子。在公元前4世纪的圣安杰洛·维基奥（Sant'Angelo Vecchio），一所房子里废弃的织布机砝码被重新用作同一地点的窑炉中的分隔物，用于确保烧制过程中罐子不会互相接触。公元前6世纪至前4世纪，织布机砝码被妇女当作祭品放在潘塔内罗（Pantanello）圣地，而在公元前2世纪至前1世纪却作为窑炉分隔物被回收到窑炉中。按照同样的思路，有时在庞贝的厨房和沉船中发现的少量奇特的织布机，似乎有可能是用于纺织以外的用途。我们可以相当肯定，用途的改变表明用户的不同，以及器物本身拥有的崭新且不同的意义。在古代世界中，用于编织的织布机砝码与妇女有着强烈的象征和意识形态联系。虽然男人可能不愿意在使用它们时被看到（尽管我们知道有些人确实这样做了，特别是在罗马时代），但窑场和船上的次要使用者似乎更可能是男人，他们以完全不同的方式重新利用它们。

餐具和饮食习惯

说到吃喝，现存的器皿很有参考价值。除此之外，还有许多文学文本，揭示了人们在用餐时如何使用器物。许多文本内容都保存在3世纪初雅典卫（Athenaeus）的作品《智者的晚餐》（*Deipnoso-phistai*）中。这部作品以一群知识分子进餐时对话的形式写成，介绍了与希腊罗马宴会的各种过程和元素，其中许多内容现在已经不为我们所知。

尽管它非常有价值，但我们必须谨慎，因为如今人们缺乏这些文学片段的原始社会政治和文本创作背景，而且它们已经被雅典卫从他自己的角度重新文本化了，文本化的时间要比事件发生的时间晚得多。

古希腊人和罗马人大多用手吃饭，所以叉子、勺子和餐刀实际上不是日常器物。用篮子（在上层社会中用金属和其他奢侈材料制成）盛装的面包，用来蘸取碎屑、酱汁、果汁和肉汤。许多菜肴，特别是穷人吃的菜肴，都是由煮沸的原料组成的，而且似乎像汤一般黏稠。这一点不仅得到了文字证据的证实，而且还得到了现存烹饪锅的形状和类型的证实，这些烹饪锅是为水煮食物而设计的。烹饪锅有时也直接放在桌子上作为食用器皿，甚至在上层社会家庭中也是如此。在马其顿国（Macedonian）国王卡兰诺斯（Karanos）的婚礼上，客人用金勺吃饭。使用勺子吃饭在古时候的上层社会中并不常见，而下层社会家庭中通常的吃法在这个故事中被金勺子"绅士化"了。

普通家庭通常使用勺子准备或食用煮沸的食物，如果没有勺子则用小陶碗代替，因此即使是在相当普通的古典陶器组合中，也会出现大量的小陶碗。尽管这听起来有些不靠谱，但我们可以假设这些碗是用来从烹饪或盛放食物的器皿中舀出液体食物并食用的。然而，勺子很少存于世的最可能的理由是，它们通常是由木头制成的。虽然少数陶勺幸存下来，但是勺子中的大部分也一定是木头做的。

在罗马时代，勺子更频繁地出现了。例如，在庞贝的I号房10,4中发现了一批精心存放在箱子，里面有19个银质餐勺（表4-1）。它们通常由金属（银）制成，所以是较富裕的人使用的器物。这些小勺子的长柄末端通常是尖的，这一特点表明它们主要是用来取蛋和吃蛋的。佩特罗尼乌斯（Petronius）描述了特里马乔（Trimalchio）的奢侈晚宴：蛋勺被派发到其中一道菜中[佩特罗尼乌斯，《萨蒂里翁》（*Satyricon*）]。然而，勺子的磨损状况表明，它们可能有着更广泛的用途。

家具

古代建筑的遗迹看起来总是坚硬、冰冷的，因为其中缺少使其看起来舒适的柔软元素。虽然我们认为纺织品主要是指衣服，但在日常生活中，它们以各种形式出现在人们的身边。即使是比较贫穷的家庭，也简单配备了纺织品和家具。然而，富人的房子充满了坐垫、铺盖、沙发套、地毯和垫子，以及木制和金属家具。

大多数古希腊家具，即使是在富丽堂皇的环境中，也比较轻巧便携。古希腊器物的许多部件都容易拆卸和重组。这可能与建筑空间缺乏专业化有关：在房屋和其他地方，空间往往没有单一的固定功能，它们会在不同的时间被用于一些不同的活动。可以随时移动和（或）拆卸的家具更便于灵活使用空间。由于可以通过不断的变化来重新构建和塑造，日常空间也增添了一种时刻变化的感觉。

希腊城市房屋中常见的家具似乎是盒子和箱子，还有各种座椅、沙发及矮桌。阿提克石碑上出现了各种桌子、箱子、凳子、沙发和偶尔出现的床。这些家具都配有大量的毯子、铺盖、窗帘、垫子和其他纺织品，与这些家具一起使用。

在希腊各地的家具还包括沙发和简单的座椅，如容易储存的小折叠凳、带灯心草坐垫的凳子和柳条椅，它们都很轻便，便于携带。在古希腊和罗马各个时期的房屋中，沿墙建造的石凳也可以提供座位和工作空间。沙发和座椅经常出现在视觉图像中，上面覆盖着纺织品和垫子。与现代甚至罗马的家具相比，大多数古希腊的座椅、桌子、床，甚至用餐时坐的高位沙发都是低矮的，尽管少数更精致的带靠背的椅子有时被描绘得很高（例如，在对坐着的神灵或重要人物的描绘中，如葬礼石碑上的死者）。

在奥林托斯和哈利埃斯等城市遗址，箱子、盒子和其他家具器物都有直接记录。奥林托斯在公元前348年菲利普入侵前基本被遗弃，哈利埃斯也在公元前4世纪被遗弃。一些金属片、骨头、象牙、金属配件、把手、盘子、脚和钉子，有时成组出现。许多箱子和盒子都是容器，如储存纺织品。相比之下，在古希腊农村的房屋中，即使是相当宏伟的房屋，也几乎没有发现家具。在更优雅的住宅中，如德玛之家，当房子被遗弃时，主人可能已经搬走了所有的家具。然而，在更为简陋的农村住宅中，居民似乎很可能从未使用过那种城市富裕居民日常用的工艺家具。

罗马的许多家具与古希腊的家具相似。然而，从视觉呈现资料和少数幸存的家具，包括来自庞贝的家庭器物组合来判断，富裕的家庭将更多的家具挤在家里，这些家具也往往更加华丽，有时甚至更高（例如沙发）。与早期的古希腊房屋一样，在庞贝的房屋中也发现了许多已不复存在的家具的金属配件。罗马人的一项重要发明是独立的储物柜（armarium）。到了古代晚期，这种储物柜似乎也被改造成了书籍或卷轴的仓库和书桌（图4-1）。

图4-1　公元4世纪早期，奥斯蒂亚医生的罗马石棺。死者被描绘成一位哲学家，读着一本卷轴，坐在橱柜前，橱柜里存放着他的行当。纽约大都会艺术博物馆。约瑟夫·布鲁默（Joseph Brummer）夫人和欧内斯特·布鲁默（Ernest Brummer）的礼物，纪念约瑟夫·布鲁默，1948年

　　在各个时期，穷人的房子里的家具和陈设与城市富裕家庭的家具和陈设相比，在性质上可能有很大不同。穷人，如城市家庭中的奴隶，在室内工作时可能大部分时间都是蹲着、跪着或坐在离地面很低的座位上。在某种程度上，工作时对低位的偏爱似乎是古希腊所有阶层的共同特点。这可能是因为最常用的工作面是地板，即使在经济条件较好的家庭也是如此，而桌子相对较少，也不经常作为工作面使用。当然，石凳是经常出现在古代房屋内的一个特征，它既可以作为座位，也可以在人们处于坐姿或跪姿时作为工作面使用。阿提克陶器上对从事各种工作的人的描述清楚地表明了对这种低矮座位的偏好，例如正在做头盔的装甲师，在地上工作的木匠、鞋匠，

以及在玩游戏的阿贾克斯（Ajax）和阿喀琉斯，他们坐在似乎是大型的柱子或砍下的木头上——后者或许是贫困家庭中的那种座位。

纺织品的制作很昂贵，所以贫穷的家庭不太可能像富人一样拥有又多又好的垫子和毛毯。在阿提克石碑上记录的上层社会家庭中，保留着破布，而且它们似乎仍然值得被出售。在一个没有专业毛巾、绷带、尿布和卫生器物的世界里，破布是很重要的，而且像绳子一样，有大量的其他用途。对于穷人来说，衣服可以作为毯子和床上器物；古希腊人和罗马人没有睡衣，也没有内衣。当然，富人有时也把餐桌当作床。即使是相对富裕的家庭，许多居民也在地板上铺被褥睡，而这些被褥可以在白天卷起来存放，将空间留作他用。这说明专用床的稀有性。因此，穷人似乎不太可能经常有机会使用沙发或床。在罗马时代，演说家迪奥·克里索托姆（Dio Chrysostom）声称，他住在一个尤伯安（Euboean）农民或猎人的偏远房子里，床（stibas），也就是用来坐的家具，由一堆覆盖在皮子上的树叶做成。正如考古学和视觉证据所表明的那样，在穷人（尤其是农村穷人）的日常生活环境中，家具非常稀少。

结论

与生活息息相关的日常事物部分地塑造和定义了人类居住的空间。通过对一些遗址的详细调查，我们发现，那时候人们对日常事物的概念和体验与我们想的有很大的不同，特别是在财富和地位方面。虽然有些日常器物，特别是对上层社会家庭来说，因其价格昂贵或可能赋予拥有者声望而受到重视，但更多的日常器物因其实际效用而被视为理所当然。然而，这并不意味着某些种类的日常器物的价值没有超过其功能。在特定的环境下，有些器物显然具有情感、宗教或象征意义。我们难以接触古典时代的日常生活，但与之相关的器物可以告诉我们很多关于那时候人们的想法、他们所珍视的东西，以及他们的生活方式。

第五章

艺术

米格尔·约翰·弗斯卢伊斯

让我们来谈谈激进性。让我们来谈谈塞加伦（Segalen）所讲述的那种激进的异国情调和疏离的身份感。激进性产生了一种眩晕感，通过这种眩晕感可以引发各种各样的东西：情感、概念、前景，等等。但总是存在一些无法解决的问题，一些未解决的问题。

——J. 波德里亚（J. Baudrillard）《波德里亚和努维尔》（*Baudrillard and Nouvel*）

引言

在古代，人们普遍认为器物在与人的关系中拥有关键的作用。例如，在古希腊和罗马世界，神被视为有生命的，并被定位为社会关系中人的伙伴。关于"动画影像"[1]的引用和逸事在古希腊和罗马

---

1 即后面创作的雕塑中的女神或男神的形象。—— 译者注

作家的作品中很容易找到。几位古代作家讲述了一个男人爱上普拉克西特勒斯（Praxiteles）雕刻的《克尼德斯的阿佛洛狄忒》（*Aphrodite of Cnidus*）的故事。同样著名的还有艺术家皮格马利翁（Pygmalion）的故事，他用象牙制作了一座造型自然的女性雕像，然后开始相信这是一个真正的女人，并爱上了这座雕像（图5-1）。这种触觉接触的更世俗也更常规的例子，包括为雕像更衣、戴花环、亲吻雕像并对其施涂油礼，仿佛它们是需要被照顾的生物。

在许多情况下，雕像也遭到摧毁；这种伤害行为同样证明了雕像的力量。这些例子都显示了器物的力量，而这种力量似乎在很大

图5-1　皮格马利翁要求维纳斯（的雕像）为他自己制作并爱上的一尊女性雕像赋予生命。18世纪末，让·巴蒂斯特·雷诺（Jean-Baptiste Renault）在凡尔赛宫贵族沙龙创作了这幅关于雕塑起源的绘画

程度上取决于它们所具有的模仿性、自然性的品质。然而，在物与人的社会关系中，半象征性和非象征性的器物可能占据相似的位置。东方至尊圣母（magna mater）也被称为西布莉（Cybele），就是一个很好的例证。在第二次布匿战争（Punic War，公元前218年至前201年）即将结束时，一个神谕敦促罗马人从小亚细亚取来一块圣石（可能是一块陨石），以此打败汉尼拔（Hannibal）。这块陨石是东方至尊圣母。里维（Livy）和奥维德（Ovid），这两位罗马作家在事件发生几个世纪后对其进行了记录。他们回顾了公元前204年东方至尊圣母是如何抵达奥斯蒂亚并在盛大的仪式上受到由元老院特别任命的P.西皮奥·纳西卡（P. Scipio Nasica）和贞洁的罗马女主妇克劳迪娅·昆塔（Claudia Quinta）欢迎的。群众在台伯河（Tiber）边排队，用礼物和祈祷欢迎这块石头。抵达罗马后，这块陨石被送到了位于帕拉蒂尼（Palatine）的胜利神庙。盛大的欢迎仪式上有西布莉的宦官团队，有时甚至有自我鞭笞[1]的身穿彩色长袍的牧师和音乐家。台伯河畔的人群会低声念出魔法，结合咒语来抵御这种来自东方的入侵物的潜在邪恶力量吗？我们不得而知。这块石头和来自国外的女神雕塑一起被安置在帕拉蒂尼，仅仅几年后，战争就以罗马人的胜利而告终。

　　最近，研究古代世界的学者们（再次）对起到积极作用的器物产生了兴趣，但对其物质转向（material turn）仍然犹豫不决。在研究上，应该区分两种不同的方法。一种方法，也许是迄今为止人们

1　自我鞭笞，是用鞭子或其他器物鞭打自己的纪律和奉献的做法。——译者注

最热衷使用的方法，是关注人们如何制作器物，并记录人与物之间羁绊的个别例子，就像上面提到的那些。这种解释方法通常涉及个别器物——通常被视为艺术的器物，如普拉克西特勒斯的阿佛洛狄忒雕像或皮格马利翁的女性雕像，而且大多只涉及短期的物质接触，被限制在相当有限的时间范围内。人与事物的羁绊通常是有意识的相遇。

第二种方法在更普遍的层面上研究了能动性的问题，并探求器物是如何造就人和文化的，或者换句话说，古代世界的历史是如何通过器物和人之间的特殊关系而演变的。这种解释主要涉及器物的类别和使用人群，甚至文化，并涉及物质接触的中期和长期阶段。本书各章也提供了大量这样的例子。这些例子往往涉及更多人与物潜在的羁绊，因此在古代文本中往往不被注意，或者至少它们没有得到类似《克尼德斯的阿佛洛狄忒》、皮格马利翁的女性雕像或东方至尊圣母等案例那样的明确关注。为了追踪它们，我们必须尝试记录某一特定背景下可用的物质文化场景的变化，并调查人类的行为和社会是如何通过这些器物场景的改变而被塑造的。识别作为"游戏规则改变者"的器物（类别）并观察其影响，将有助于我们调查它们的作用。

本章关注这两种方法，因为它关注的是器物如何在特定的历史遭遇下产生影响（即特殊性），以及器物的类别或器物的组合塑造古代社会文化的可能性（即一般性）。只有更好地理解器物的作用之后，有争议的"艺术"概念才会被证明在解释学上是最有用的。我将论证，称一个器物为艺术——不管是古人还是我们这样做，都是在试图把握器物作为一种特殊的（感官）经验的影响。我认为，将一个器物称为艺术，只是为了将该器物所拥有的特殊作用主题化。换句话说，人们将某物称为艺术，必须是观赏者对某物有反应，这种反应能够唤起一种独特的体验。这就是为什么艺术能让我们感动。我们也可以像《波德里亚和努维尔》那样，通过单一的器物来描述人类的体验，或者像范·埃克（Van Eck）那样，谈论大量的器物。本章的论点是，这些器物为研究其能动性提供了一个有利的特权位置。

我有意不像以往的讨论那样，一开始就讨论古代艺术和现代艺术的定义，以及它们之间的关系。相反，我们将首先通过调查某些器物如何及为何在与人的社会关系中作为伙伴发挥作用——如布鲁诺·拉图（Bruno Latour，1991年）定义的"行动者"——以及这种人与物的纠缠在古代是如何被感知的。随后从这个角度，我们才引入并研究"艺术"和"美学"的概念。我认为，这是一个有用的策略，因为这些概念和所有关于它们含义的讨论，只有当从一般问题——器物作用——的角度出发时，才能真正与器物的文化史相关。

作为行为主体的器物

我精选了四个古代器物。这些示例既阐明了古代世界器物作用的实际运作方式，同时也有助于我们更好地理解古代作为艺术品的器物。

1.《伊利亚特》中的银质搅拌碗

荷马的《伊利亚特》和《奥德赛》反映了人类世界及其思想、情感、信仰等与事物世界及其功能可见性之间相互依赖，这可能不是巧合。器物对于这些故事本身及其叙事结构和技巧的极端重要性，长期以来仍在蓬勃发展的关于"图说"（ekphrasis，古代文学中对艺术品的描述）的讨论中得到了明确的证明。《伊利亚特》第23章740—749节中对帕特罗克洛斯（Patroklos）的银质调酒碗的描述可以作为一个例子。注意，《伊利亚特》将有关器物限定为"提图格梅农"（tetugmenon），其含义类似"特别精心制作"，这个术语经常被翻译为"艺术"。[1]

佩琉斯的儿子为比赛准备了奖品：一只银质的搅拌碗，一个"提图格梅农"。碗只有6英寸[2]，但它的可爱程度远远超过了地球上所有其他碗。熟练的工匠把它加工得很好，腓尼基人穿越雾气，把它"抬过"水面，放在港口，并把它作为礼物送给托亚斯。伊阿宋的儿子尤涅俄斯把它送给了英雄帕特罗克洛斯，使普里阿摩的儿子利卡翁（Lykaon）摆脱了奴役；现在阿喀琉斯把它作为纪念他的同伴（帕特罗克洛斯）的奖品，以奖励速度最快的人。

这只碗之所以被认为是一件奇特的器物，首先是基于其卓越的设计（我们也可以称之为风格）、高质量的工艺、使用的材料，最后是它明显的非本地性——这一点通过提到西多尼亚（Sidonian）工匠和腓尼基中间商而得到强调。但是，这件器物如此特别并被作为赛跑的最终奖品的另一个原因是它的传记：它首先被送给了托亚斯和尤涅俄斯，然后是帕特罗克洛斯和阿喀琉斯。像这种碗的器物可以在考古记录中查阅到，而且很可能它们确实被当时的使用者和观赏者视为具有积极的作用。这个例子表明，器物的作用来自自身的特

1　R. 拉蒂莫尔（R.Lattimore）确实将"提图格梅农"翻译为"艺术作品"。《奥德赛》第四册向我们介绍了一个类似的故事，关于赫菲斯托斯制作的一个类似的碗，来自西顿国王；见本卷第一章。——原书注

2　1英寸 =0.0254米。——编者注

殊设计（它的风格和制造过程中使用的材料）和它的传记（来自远方，被著名的人物经手）。

2.一个玻璃碗

它可以追溯到公元前500年前后，在距离其生产地3500千米的莱茵河畔的哈尔斯塔特（Hallstatt）文化中的晚期墓穴中被发现。在阿契美尼德（Achaemenid）世界，这种器皿是非常特殊的，它们是万王之王（King of Kings）送给其宫廷成员的具有高度象征性的礼物。这些朝臣用这些器物来建立或维持与当地统治者的关系，而幅员辽阔的帝国正是依靠这些统治者（总督）来实现其一致性并得以生存。在一个还没有那么多器物的世界里，玻璃碗非常罕见——几个世纪后才开始通过玻璃吹制等新技术实现玻璃生产工业化。像这个玻璃碗这样奇特的器物可以将整个帝国凝聚在一起。我们没有关于这个玻璃碗的观赏者的反应，但通过跨欧亚网络（地中海贸易路线是其最西部的分支），该器物在凯尔特（Celtic）人的墓冢中继续其生命，它的作用在更普遍的意义上也清晰起来。这当然是莱茵河沿岸的一件奇特的器物，它的吸引力既取决于它的特殊风格，也取决于它的传记，即它们的"社会异国情调"（social exoticism）。通过这些能力，这种器物往往会对它们所进入的社会产生重大影响，无论是短期的，如凯尔特（Celtic）人墓中阿契美尼德碗的例子，还是长期的，如这种侵入性器物的复制品所证明的，它们很快就会成为所进入的社会的一部分。

这类"冲击功能"的例子包括遍布古希腊神殿的具有近东风格的金属制品，以及沉积在凯尔特人葬礼下的古希腊式陶器。像这样的冲击从根本上改变了它们所进入的社会。

3.一块浮雕

大约公元前1世纪中叶，在安纳托利亚（Anatolia）东南部金牛座（Taurus）山脉的高处，靠近幼发拉底（Euphrates）河上游的一个现在被称为涅姆鲁德·达格（Nemrud Dağ）的地方，有一块大石碑。这座庙宇和陵墓是由希腊化时期一位名叫安提奥科斯一世（Antiochos I）的君主建造的，他在大约公元前70年至前36年统治着科马基尼王国[1]。安提奥科斯一世出于意识形态、社会秩序和法典建设的考虑建造了这座纪念碑，试图将不同地区和不同时期的（风格）元素放在一起。石碑上的大型浮雕（高2.6米，宽1.5米）展示了两个人物：左边是一个身着波斯式服装的礼仪人员，右边是一个手拿棍棒、留着大胡子的裸体人。这可以被认为是一位科马基尼王国国王在与赫拉克勒斯握手。从各方面来看，对当代观赏者来说这都是一件难以想象的器物，因为它具有巨大的尺寸、前所未有的图腾、对国王服饰的详细描绘所唤起的魔力（赫拉克勒斯的裸体也强调了这一点）、位于高山之巅的位置，以及该地区以前从未见过这样的器物。但是这块浮雕有什么作用呢？由于没有观赏者的反应被记录下来，没有迹象表明该浮雕被故意破坏，也没有迹象表明该器物在古代的流转保存状态。然而，该器物的能动作用必须部分依赖于被描绘的国王。在古希腊和罗马世界中，对神和国王的表现不仅仅

---

1 Commagene，位于安那托利亚（Anatolia）并接近安条克（Antioch）的一个希腊化王国，原为塞琉古帝国（Seleucid）的一个部落，其后在公元前163年成为独立王国，最终在72年被罗马帝国吞并。——原书注

是描绘，而是重新呈现真正的神和国王。因此，浮雕将象征着"王权"，可能会让当时的观赏者们见到它就下跪，或至少使他或她不敢大声说话。此外，在这种情况下，该器物的作用似乎是通过其设计和传记来实现的。它的设计是独特的（尺寸、图像、工艺），用的不是标准的砂岩材料。石碑的传记也体现了"社会异国情调"，其与凯尔特坟墓中的阿契美尼德碗非常不同，而且更加复杂。古希腊自然主义的风格在古典时期之后的欧亚大陆上经历了漫长而动荡的过程，并且在与民族和文化的交流中表现得非常出色，这就是为什么大部分的古希腊和罗马时期的国家看起来都很希腊化。在晚期希腊化的科马基尼王国，这种希腊式风格的作用尤其强烈，因为它与文明和现代联系在一起：一个地方统治者想要在全球舞台上占据一席之地，就不得不使用希腊化视觉模式。

石碑带有波斯风格。这种特殊的波斯风格很容易被那时的人们识别，现在也很容易被我们认出。它最初是为了重现阿契美尼德王权，并在整个古代都被如此理解。此外，波斯风格通过与各国人民和文化的多次碰撞而蓬勃发展。安提奥科斯一世想从阿契美尼德王权的诱惑中获利，以使自己的地位合法化，因此他也热衷于利用波斯风格。这就是描述器物特征的某些语义元素的传记——这些视觉模式随着时间的推移而被使用的方式，例如，将所有先前融会的影响捆绑在它们的能动性内——是如何对人民和社会产生重大影响，甚至使他们困扰的。那么，我认为这块浮雕的作用来自它的设计，以及构成该设计的"图标元素的传记"，特别是"图标元素的传记"在这个单一器物中的新颖组合和对抗。

4.帕尔米拉女神庙中的阿拉特·雅典娜女神雕像

阿拉特·雅典娜（Allat Athena）雕像的年代为2世纪，由五彩大理石制成。[1]考古学家解释其外表明显是"古典"风格，而内部则是"近东"风格。这座神庙遭到摧毁，然后在3世纪末作为罗马军队在帕尔米拉（Palmyra）营地的一部分进行重建。这座超过真人大小（3米）的大理石雕像具有明显的古典风格（当时至少有一个世纪的历史），被添加到神庙作为主要崇拜雕像。然而，发掘人员发现它被故意肢解并埋在神庙里，脸朝下。头部被砸成了几块，特别是鼻子和身体左侧的一部分遭到暴力破坏。这次攻击似乎是有选择性的——把崇拜的雕像和神庙的中央祭坛都打掉了，而其他雕像毫发无损，这让人想起了当时在帕尔米拉发生的震惊世界的人与物的纠葛。这次攻击可以确认在4世纪的最后几十年。在这一时期，基督徒经常到异教遗址周围去破坏异教神的庙宇和雕像。很明显，我们应该在这一背景下理解人们对阿拉特·雅典娜雕像的残害。

4世纪末，阿拉特·雅典娜雕像在一场破坏事件中被毁，其作用也不复存在，直到20世纪被挖掘出来的那一刻才得以重新展现。

4世纪末，雕像的作用来自它的起源，即它是来自异教寺庙这一事实；但也可能是来自它的风格，否则我们如何解释对其鼻子的选择性残害呢？它在帕尔米拉的早期阶段，通过不同的风格和传记产生了影响：被选为崇拜雕像可能是因为它是一个古董，或者因为它看起来有明显的古典风格，或者因为它来自雅典，或者因为它符合当地对阿

1　阿拉特是一位起源于闪米特的女神，可能与雅典娜有关。——原书注

拉特的理解。这难以确认，因为唯一记录的观赏者对其作用的反应是4世纪末的攻击。

器物的能动性与艺术概念

什么是古代的艺术，以及这种概念在古代世界是否存在？这个问题受到了大量的关注。在（视觉）物质文化的生产和消费中显然存在审美考虑——我们现在理解的艺术史是古代"发明"的。也就是说，特别是在古希腊和罗马世界，器物被定义为艺术的"一个自主的意义领域"，并被分析、讨论、交易和展示。劳伦斯·阿尔玛·塔德马（Laurens Alma Tadema）的一幅名为《罗马的业余爱好者》（*Un Amateur Romain*）的画作很有说服力地概括了这种状态，向我们展示了四个披着古典长袍的人物在一个华丽而庄严的罗马中庭，静静地凝视着一座银色雕像。斜倚着的男人最感兴趣的似乎是凝视着雕像的女人，以及她们在社会文化资本（或者可能是经济或性资本）方面对雕像的看法。这一事实只强调了阿尔玛·塔德马把这个器物想象成了艺术。同时很明显，画中所呈现的罗马人对器物作为艺术的理解（主位）的重建，很大程度上是由19世纪下半叶的艺术消费环境所特有的当代概念（客位）决定的，当然也是艺术家阿尔玛·塔德玛本人所特有的。在这里起作用的双重解释学，既迷人又让人难以理解，因为19世纪下半叶艺术概念的表述是由古代文本和对这些文本的现代解释推动的。

迈克尔·斯奎尔（Michael Squire）指出，古典考古学和更广泛的古典研究非常需要将艺术概念作为其方法论工具的一部分。他认为，艺术史在分析"视觉模式"方面具有很强的能力，而物质文化研究则不然。因此，将古代的雕像、绘画或花瓶称为艺术，可以更好地体现出这些器物所具有的存在价值，并构建属于自己的背景。

事实上，我们可以说生活在一部从古代到现在的古典艺术的生命史中，来自古代世界的器物可以被证明"构成"了它们所处的各个历史时期。然而，斯奎尔认为，将古代的雕像、绘画或花瓶作为器物来谈论，导致（考古学）背景的特权高于器物本身。将这些器物视为艺术，将迫使我们重新思考背景和形式之间的二分法；此外，还表明器物的传记也被其自身的美学背景化，因为用斯奎尔的话说，"图像意味着背景"。

虽然我非常同意当时斯奎尔对古典考古学领域中背景和形式的地位问题的分析，但我认为，正如本卷和其他卷所体现的，"物质转向"使我们能够超越他所看到的以背景（考古学和人类学）为一方、以器物（艺术史）为另一方的二分法。更重要的是，物质转向可以使考古学、人类学和艺术史这三个以物为文化分析中心的学科更紧密地结合起来。

为了说明这一点，我在讨论上一节的四个例子时根本没有使用"艺术"一词。尽管《荷马史诗》中的火山口、阿契美尼德王朝的玻璃碗、科马基尼王国的浮雕和帕尔米拉的雕像都可以在古代艺术的概述中占一席之地，但我希望表明，讨论它们的持续存在以及它们对所处环境的影响并不一定要将它们描述为艺术。相反，这需要把器物作用的概念作为我们调查的核心，并提出这样的问题——器物是做什么的？或者，当我们把注意力转移到人与物的纠缠这个视角时，甚至会更明确地提问：器物想要什么？显然，在对器物的研究中可以有艺术的位置，但我们不应该把这些类别看作相互排斥的，用艺术来表示的一些器物可以被认为拥有特殊的作用。因此，被认为是艺术的器物处于研究器物作用的一个特殊的有利位置，因为作用是由这个概念本身所记录的，即艺术是观赏者对一个器物的反应，它唤起了观赏者一种独特的体验。因此，像考古学和人类学这样的物质文化学科在进行"物质转向"时应该积极转向艺术史，因为艺术史在理解器物（在与人的关系中）的积极作用方面具有经验，这可能是其他学科研究物质文化时所没有的。在最近对铁器时代温带欧洲或斯基泰（Scythian）草原的物质文化的创新解释中，需要使用艺术的概念来达成他们的新解释，这就很能说明问题。因此，唤起艺术概念在解释学上可能是有用的，尽管它带来了负担——我们将在下一节中讨论。尽管如此，我认为只有当艺术概念置于器物的作用方面时，器物的文化史才能富有成效地使用艺术的概念，就像本章所做的这样。

艺术与美学的负担

将古代器物称为艺术往往伴随着一个严重的、可能是不可避免的负担，那就是将我们对艺术的典型规范性、现代性、西方性的看法移植到古代的证据上，而且往往会将许多古代的观赏者、器物和背景排除在分析之外，导致对古代世界的描述非常不完整。然而，一旦我们不把艺术的概念看作一个"遗传"的范畴，而是看作一个"地方"的概念，它就会成为研究器物作用的一个有效工具。因此，将器物作为艺术进行研究具有巨大的潜力。尽管如此，在我看来，考虑艺术的概念并不是能够有效研究器物作用的必要前提，因为艺术本身可能永远是一个有争议的概念。在本章的剩余部分，我将简要地探讨和研究与器物的积极作用相关的另外两个概念：美学和异国情调。尽管这些概念本身也是有争议的，而且也有自己的负面影响，但它们可以让我们对器物的作用进行更细致的调查，正如讨论《荷马史诗》中的搅拌碗、阿契美尼德王朝的玻璃碗、安提奥科斯的浮雕和阿拉特的雕像时所展现出的那样。分析这些器物及其作用时，设计的概念被用来描述它们的特殊风格。其他学者经常使用美学的概念来做这件事。借鉴美学概念本身以及古代和现代关于美学的争论，是否可以帮助我们更好地理解器物的作用在古代是如何运作的（而且可能仍然在运作）？

　　古希腊的美学（aisthēsis）概念"融合了感觉、知觉和直觉等现代观念，它是对特定事物的持续理解。与之相反，智慧（noēsis）是反思和分析，是理性的。现代美学……从一开始就与理性的开端和直觉判断有关……与品味、对美和质量的判断有关，但这个词也很快包括了更广泛的层面，实际上成为文化、民族和历史时期的集体想象力、世界观、风格或形式感"。我认为，这个定义清楚地表明美学的概念对研究器物作用的重要性。首先，美学是关于影响的，而不是意义的；是关于现象学的，而不是分析的。因此，它在很大程度上是关于我们在与物质接触时感官和情感方面的。其次，美学同时是关于短期的、有意识的人与物的纠缠，以及关于中长期的、更潜意识的人与物的相遇。正如詹姆斯·波特（James Porter）指出的那样，古代的审美感觉非常关注"物质器物的感官表面或感受到的表象[1]……人们甚至会发现对审美体验这一方面有独特兴趣，而牺牲了对意义、道德或宗教的关注"。

1　即器物的外表。——译者注

因此，美学这个概念对于研究古典器物的作用具有很大的帮助。它是关于器物对人的影响，以及它们为什么有这种特殊的影响；它间接记录了观赏者对器物的反应，并使我们能够分析（变化的）技能和文化风格。

激进的异国情调

在上文分析四个关于器物作用的案例时，我们反复提到了一个至关重要的特点：在时间或空间上的非本地性，即异国情调。我认为这个概念有很大的潜力，至少当我们把它作为一个具有批判性的积极术语时，它可以帮助我们更好地理解器物的作用，正如维克多·塞加伦所提议的那样（图5-2）。

塞加伦（1878—1919）是一位法国博学者（医生、诗人、作家、民族学家、考古学家和旅行家）。在他的《异国情调散文》（*Essai sur l'exotisme*）一书中，他根据自己在亚洲和大洋洲的旅行、考古和人种学研究，写下了一套关于异国情调的理论，他称之为多样性美学。对于多样性，他的意思是说只有与他者、非本地人的对抗，才能带来自我的改变。因此，对塞加伦来说，异国情调不是关于文化翻译，甚至根本不是关于传统意义上的文化接触。异国情调是被与外国事物的对抗所唤起的感觉和情感体验。通过这种"对真实的焦虑"，这种对抗导致了一种奇异的体验，"各种东西都可能出现——情感、概念、前景，不管是什么，但总是有一些无法解决的问题"。

塞加伦的观点与我们对《荷马史诗》中西多尼亚工匠制作的搅拌碗、皇家的阿契美尼德碗、同时拥有着古希腊风格和波斯风格的科马金国王安提奥科斯一世时期浮雕，以及明显是古典风格的阿拉

图5-2　维克多·塞加伦（1878—1919）

特·雅典娜雕像等器物的作用分析有着强烈的共鸣。在这些案例中，器物的传记在其非本地的意义上被证明是非常重要的，与器物的风格和制造过程一起，创造了一种具有深刻作用的设计。塞加伦的观点有助于解释为什么被理解为由（某些）器物引发的现象学体验的异国情调能够影响社会：这种体验所产生的张力使各种新事物成为可能。[1]

1　即不同文化的碰撞带来的张力为新事物注入生机。——译者注

正如我们所看到的，外来器物确实常常带来根本性的转变，就像"影响性的复制品"一样。塞加伦的异国情调作为多样性美学的理论，解释了为什么它们有这种特别强的作用，以及为什么"运动中的器物"常常是创新的器物。这并不是因为它们以直接的方式转移（文化）意义或部分传记，而是通过多样性美学创造了一个思考空间，在其中有可能跳出框架的束缚而进行思考和创新。

《普里马·波尔塔的奥古斯都》雕像的多样性美学

作为本章的结论，我们简单分析一下一件器物的作用，它从1863年被发现的那一刻起就被誉为古典艺术的杰作。

与上文讨论的《荷马史诗》中的搅拌碗、阿契美尼德王朝的玻璃碗、安提奥科斯的浮雕和阿拉特的雕像相比，它的多时代性和多文化性的特征可能没有那么明显，它就是《普里马·波尔塔的奥古斯都》（*Prima Porta Augustus*）雕像（图5-3）。这座雕像在罗马北部一栋帝国别墅的废墟中被发现，并在不久后被雕塑家皮特罗·特内拉尼（Pietro Tenerani）修复，之后立即被视为罗马第一任皇帝及其公国的象征。今天，它仍然被视为一个奇特的器物，而且在罗马时期可能也享受着相同的待遇，因为奥古斯都雕像大约有150个副本和版本被保存了下来。如何解释这一器物的作用？很多人都强调这座雕像是一个敏锐的宣传策略的一部分，它非常积极地利用物质文化来传播意识形态信息，以试图改变罗马人的习惯，展示奥古斯都的形象和力量。这当然起到了重要的作用。雕像不但是对一个人的描述，而且是一个政治隐喻，在各方面都以一种非常微妙的方式体现了帝国主体。然而，事实证明，事情远非如此。

图5-3 普里马·波尔塔的奥古斯都雕像，约公元前20年。2.04米高，由巴黎大理石制成。罗马梵蒂冈博物馆。2290。照片：贝蒂曼（Bettmann），盖蒂图像

这座雕像的设计非常特别。它比真人还大，有2.04米高，由帕罗斯（Paros）岛的优质莱克尼特（lychnites）大理石雕刻而成。因为拥有平衡的对角线，该雕像有一个令人兴奋的动态对角线姿势。此外，奥古斯都的姿势似乎故意模糊不清：他显然是在站着向观众讲话（被动），同时又在移动，为人们指明前进的方向（主动）。它的样式也同样特别。奥古斯都的身体在盔甲下几乎一览无余，这使得雕像看起来既裸露又穿着衣服。设计者通过现在已经看不到的配色方案和对身体的描绘，与身体本身进行了一场精致的游戏。雕像的传记和它的风格一样是多层次的。就像上面讨论的安提奥科斯浮雕的情况一样，它不涉及雕像（类型）本身的传记（我们对其了解相对较少），而是涉及由其组成的（风格）元素的传记。人们早就认识到，这尊雕塑的原型可以追溯到公元前5世纪，尤其是波利克雷托斯（Polykleitos）的《多里弗罗斯》（*Doryphoros*）的高度古典风格。然而，这个盾牌是希腊化时期类型。在联想方面，盾牌是军事力量的标志，它将奥古斯都描述为一个成功的罗马将军。这种共和党时期的修辞，与总体上侧重于将皇帝描绘成拥有强壮且美丽的身体从而标志希腊主义的男性力量，形成了鲜明对比。对非本地和非当代——即在空间和时间上——的参考出现在胸甲的装饰上：中间描绘了一个明显的东方人物，面对罗马将军；周围描绘了俘虏，很可能是指被征服的凯尔特人和伊比利亚（Iberian）部落。这个场景描绘的是奥古斯都在公元前53年（罗马历史上的一个重要时间），由著名的克拉苏（Crassus）将军在卡尔海（Carrhae）追回被帕提亚人（Parthians）夺走的罗马军旗。

因此，普世[1]的大部分内容及其历史的一些独特部分在这个雕像中汇集。事实上，这个罗马艺术的重要例子似乎首先以其多时代性和多文化性为特征。为了理解《普里马·波尔塔的奥古斯都》雕像的影响，我认为不应该试图以图像学的方式来解读这些不同的要素。相反，雕像的力量，以及更普遍的奥古斯都图像的力量，似乎在于它对模糊性的包容。为什么在一尊雕像中体现这些模糊性，以及通过对多时空和多文化元素进行新颖和前所未有的组合与对抗，能够如此成功地形成一个单一的器物？这个问题的答案让我们回到了塞加伦的观点：这可能是由作为一种多样性美学的异国情调所致。这种实践所产生的张力确实使各种新事物成为可能，比如我们称之为奥古斯都文化革命这一古代历史的重大转变。

1　普世（Oikumene）：在古希腊时代，它指的是古希腊地理学家所知的世界部分，这些部分被细分为三大洲。在罗马帝国时期，它开始指文明本身，以及世俗和宗教帝国的行政管理。——译者注

第六章

建筑物

拉邦·泰勒

引言

人类通过物质文化进行思考。从本质上讲，器物与我们互动，我们也与它们互动。人类的认知依赖于物质器物，因为构成思维的符号不能独立于物质参照物而存在。而那些参照物又通过人体的接触和感觉而被我们所认知。

在日常语言中，独立的名词"器物"很少用于描述建筑物、城市、景观、道路或基础设施。这一用法反映了一种文化习惯，这种习惯受某种程度上的质量和固定性标准的制约，这个标准符合我们作为人类在物质世界中的表现。具有讽刺意味的是，我们众所周知的术语"不可移动的器物"（immovable object），由于其隐含的不可能性，不仅仅是在潜在意义上，而且是以真正的现象学方式预示着所有的器物都是可移动的。我们期望感官世界中的器物能够通过人、动物、自然力或其他器物的作用而发生位移。然而，那些不能被简单地定义为器物的东西也可以移动或被移动。火和液体会移动。潮汐、岩浆和构造板块在移动。行星在移动，海床也会随着时间的推移上升为山脉。那么，简单的名词"器物"是根据我们身体的时间和维度限制来定义的。它不只是被"抛向"我们的感官；相反，而是假定我们的感官可以把它捡起来再抛出去。因此，一个简单的器物必须是相当坚固的、有凝聚力的，并且被要求处于一个对我们的身体来说是可感的，而不仅仅是可见的尺寸。在没有放大的情况下，一粒糖粉（powdered sugar）可能不像是一个器物，尽管我们都可以感知它们。用放大镜放大后，它更像是一个器物，只是因为它看起来达到了一定的尺寸。

然而，当器物名词与主格名词结合在一起时，物质的质量和数量就失去了意义。现在，只要属格[1]名词中隐含着某种能动性，任何东西（巨大的、微小的、抽象的、具体的、真实的、想象的、短暂的、持久的）都可以成为被关注的器物、欲望的器物、被劝说的器物、朝圣的器物、被玷污的器物、人的器物、神的器物，等等。那么，从认知上讲，只要有人或有物与之互动，几乎任何东西或任何人都可以成为一个器物。正是在这种更广泛的意义上，我们应该把建筑和城市视为器物。

一个器物不能特别分散或微不足道，以至于无法吸引或保持人们的注意力，但它也不需要有硬边界。邻里关系可以是广义上的器物，但它可能没有明确的边界。事实上，大量建筑空间缺乏精确的

1　属格（genitive）：亦称所有格、领格、生格，德语和俄语语法称之为第二格，是指名词的语法上的格。属格表示一个名词的所属，例如一个名词提及的对象拥有其他的一些属性。——译者注

边界。如果一座建筑，比如说一座别墅或一个农庄有附属设施，那它们是建筑的一部分吗？作为一个概念，罗马广场是罗马公共生活的中心，是古典时期人们持续关注的对象（图6-1）。问题不在于中心，而在于外围。我们是否将斗兽场谷地以下的一切都包括在内？帕拉廷（Palatine）山和卡皮托林（Capitoline）山的山坡区域呢？从主广场往上的小街的建筑呢（当然，附近的商人想利用这个著名的地名，他们可能会测试其地理意义上可发挥功能的弹性）？简而言之，广场没有外壳。但它有内容和重心，因此它是一个器物，或潜在的器物，是无数动作名词的对象。现在仍然如此。它不仅是一个受欢迎的旅游目的地，还能继续引发严肃的研究。它通过对著名罗马人、重大事件和令人共鸣的政治意识形态的"依恋"，在未来可能会发挥丰富且具有象征意义的作用。它还激活了许多抽象概念和衍生意义，比如"法庭"和"司法鉴定部门"。

那么，在无尽的器物目录中，建筑属于哪一种呢？它部分是具体的，部分是抽象的。建筑首先是物质对象，然后是继承于它或依附于它的文化潜力或关系，这些被称为倾向性、承受力、指数、依赖性、适合性、纠缠性等。在其更抽象的形式中，建筑作为一个器物的作用可以有许多分类。例如，作为一个历史器物（它的故事是什么），作为一个过程性器物（它是如何设计、建造或使用的），作为一个有效的器物（它是如何让我们感觉或行动的），作为一个经济器物（它的商品价值是什么），作为一个工具性器物（它是如何帮助我们邮寄包裹或举行婚礼的，或者它是如何影响我们的思维的），甚至作为一个超越设计的数学抽象器物。

从这些可能性中，我选择了关注古典建筑的三个显著特征。第

图6-1 从罗马帕拉廷山眺望广场。照片：让·克里斯托夫·贝努埃斯特（Jean-Christophe Benoist）

一个是商品化和价值。如果我们将建筑物或建筑空间理解为嵌入到广泛的社会经济中，那么商品化和价值最适合作为建筑器物的经济特征。第二个特征是认知和记忆。认知和记忆分属不同门类，但在作为工具和情感对象的建筑范畴中占有更大的份额。我简要考察了一种特殊的建筑，即古希腊剧院，如何帮助创造和记录难忘的经历。第三个特征，即风格，特别是古典柱状风格。它也跨越了几个范畴的界限，但在我的特殊处理中，它最适合归入语义和工具范畴。

商品化与价值

从字面和形象上看，器物在我们中间移动，我们也在它们中间移动。观察我们如何与器物世界相处的一个重要方法，是将它们视为价值的载体（即成本和收益）。我们在交易中使用的器物，通常是作为礼物、贷款或劳动的替代品。

现在人们普遍认识到，器物具有社会生活属性；也就是说，它们在社会内部或社会之间作为有价值的东西运作。当涉及交换时，它们被称为商品。我认为商品这一术语广义上指几乎任何可供交换的东西，无论是通过销售、易货贸易，还是出租或赠送，所有这些过程都是相似的，共享是交易的最终动机。这些东西可以是独特的或大规模生产的，具体的或抽象的，昂贵的或廉价的。由于具有物理和时间上的持久性，商品化的器物（或那些商品化的候选器物）有寿命、经历和后世；与人不同的是，它们的身份和个性会因物理修改、重新调整用途、分解、回收、复制等而变得模糊。

毫不奇怪的是，便携式器物在关于交换的人类学文献中占主导地位。这可能只是因为它们可以很容易流通，因此更适合在所有者之间传递。但没有人会否认，土地和建在土地上的结构也可以自由地作为商品使用。在复杂的农业社会中，建筑一直是人类最昂贵的物质投资之一，也是最重要的投资之一。因此，它们在任何计划经济或市场经济中占据重要地位。事实上，从经济这个词本身（即"管家"，希腊语oikonomia），我们可以看到建筑物质性的暗示，即使"房子"（oikos）指的是一个抽象的资产集合体。因为在古希腊世界，如同在大多数定居社会[1]中，这些资产都集中在一个人的住所内和周围。一所房子，如果被使用和占用，就具有高度的分配性，

---

1 定居社会，即世代不迁徙的社会。——译者注

是人和资产来往的节点。事实上，就其核心而言，oikonomia的动词词根nemo正是"分配"的意思。

与动产一样，不动产也在市场上流通；它被买卖、出租，并通过用益权（usufruct）享有。古典时代的不动产法高度发达，其复杂程度不仅反映了土地在财富和地位论述中的重要性，也反映了土地在维持日常生活中的重要性。拥有租赁物业并从中获利是地主阶级的规范行为。个人也可以投机房地产，如财阀克拉苏在火灾期间从惊慌失措的业主手中购买罗马被烧毁的房产以获得巨额利润[普鲁塔克，《克拉苏的生活》（*Life of Crassus*）]。那些以物质手段展示财富的人也能通过建筑受益，这就是建筑作为器物的地位的最大体现。

一个可移动的器物通常可以通过它与主人的物理距离来追踪。但是，对于建筑来说，它们可能没有主人。在这种情况下，那些占有、管理或策划建筑的人——用罗马的技术术语来说就是占有者——在其交换中没有直接的代理权，如果我们所说的交换是指所有权的合法转让。然而，从人类学的角度来看，单单是法律上的所有权——无论这在一个特定的社会中意味着什么——都无法描述复杂的社会生活和建筑的所有权结构的特点。一般来说，古希腊罗马世界中最重要的建筑，也是最容易展示的建筑，永久地属于公众，属于神或（后来的）教会，或者在君主制的情况下，属于统治者。除了下面讨论的战争、入侵或教会吸收异教财产这种明显的例外，建筑很少易手。它们是否因此无法作为商品发挥作用？

这类建筑可以被视为"终端"商品，最初可以进行交换，但很快就会退出市场；类似的模式被认为是许多圣物（如崇拜物和遗物）经历的特点。但恰恰相反，无论是神圣的还是世俗的纪念性建筑，似乎总是在参与一种持续的社会和政治商业活动。事实上，鉴于它们在城市和圣地景观中的持久性（甚至被完全重塑）、突出性、流行性和实用性，我们很难有相反的论证。拉丁语中的"名人"一词，指的是一件事物在公众互动中的受欢迎程度，它本身几乎可以被翻译为交换。而著名建筑的这一属性——建筑与其客户之间严肃的、有收益的使用，互通有无——标志着它是一种商品。

即使这些建筑永远远离房地产市场，也永远不是真正的"终端"商品，但它们仍然参与实体经济。实际上，它们的资产可以永久出租，即使租金不是以货币计算的，而是以享受、使用或地位计算的。排斥它们的推动力可能是基于对价值交换的过度二元理解，就好像一个对象在市场中的参与（甚至"市场"都很难定义）是可以开启和关闭的。

最近的观点挑战了这种简单化的二元论。在这里，我只列出了主要公共建筑可以永远与人类客户保持社会经济联系的几条途径。

1.赞助和象征性资本。希腊和罗马世界的许多著名建筑都与个人或集体的赞助人密切相关。在古典时期，暴君的王朝赞助模式经常让步于更民主、以城邦为中心的赞助模式，但它们同样具有意识形态色彩。赞助人对纪念碑的赞助是积极的交易，这不仅仅发生在赞助之初。事实上，这样的建筑潜在意味着无限期地推进赞助人与其客户的关系。按照惯例，客户将继续使用和维护该建筑，向赞助人致敬。几个世纪以来，人类每一次在德尔福或奥林匹亚与古希腊城市的宝库相遇时都会产生或强化一种话语，它旨在从游客那里获得对这座城市及其辉煌历史，以及昔日领导人（即赞助人）的肃穆致敬。遥远的胜利被唤起，神话重新焕发光彩。欣赏这样的建筑并消费其信息构成了一种心理投资。同时，这些建筑也对其崇拜者进行了投资，依靠相互间的声望动态来维持或提高其地位，维护其外观。

2.生产。建筑物的生产方式与便携式器物不同，便携式器物往往在车间完成。建筑物的建造过程是一出公众参与的好戏：生成行为（generative act）本身就是一个复杂的、多幕的艺术作品，它的故事线激发了欲望和期待。公众可以参与到它的创作中，就像观赏者参与到一部新剧中一样，停留在它的叙述上并导航到它的结论。建筑物提供了多种感官体验——景象、声音、气味、令人兴奋的期待和自豪。它在社区中促进了一种投资意识，一种共同所有权（co-ownership）。虽然在某种意义上所有权归于事物的制造者，但建筑物，尤其是城市地区的显眼建筑物，会永久地"对抗"公众的感官和情感，而感觉会被更广泛地分享。尤其是在前现代社会（pre-modern societies），制造者通常被认为是赞助人，而不是建筑师或建造者。

3.消耗。格雷格·伍尔夫（Greg Woolf）谈到了罗马在各省扩张时的一个非常明显的现象，那就是"消费革命"，它在奥古斯都时期就开始了，特点是来自罗马世界的商品大量涌入。它不仅意味着繁荣，而且意味着文化适应：新的口味、价值观和习惯的产生。这种趋势同样体现在上流社会阶层对以罗马风格建造的别墅和坟墓的消费上，这些别墅和坟墓与其他所有东西一起激增。在这里，我们所处理的是物质产品的商品化，其方式与现代资本主义最为一致。帝国周围许多当地贵族的罗马化建筑都是被创造出来满足欲望的对象。

4.依赖关系。建筑物与环境纠缠在一起。排水、供水、临街、送货通道等基础设施并不存在于建筑中，但建筑却依赖于它们，反之亦然。服务和器物一样都是商品，它们对建筑不断冲击并为这种冲击索取代价，这应该让我们非常怀疑富有生命力的建筑对交换这一行为来说是否毫无生机。斗兽场是这种交易神经中枢一个特别生动的例子，其令人印象深刻的排水系统将人类和动物的污水冲入台伯河，同时保护其脆弱的结构免受雨水的侵蚀，而淡水则被输送到其下部三层甲板的喷泉中。这些排水渠，以及从附近山上供应水的水渠，本身就是商品，提供必要的商品或服务。事实上，水渠是提供商品和服务的混合体，可以被认为是卓越的建筑商品。

5.维护、更新和技术互惠。就其规模和复杂性的本质而言，纪念性建筑不仅在其城市、郊区或圣所环境中声称拥有至高无上的文化地位，而且还对其使用者和受益者提出了永久性要求。轮廓突出的建筑——或者仅仅是那些被大量使用的建筑，如浴场或体育场——需要高强度维护，并要进行许多二次配置、修改和修理。由于旨在维持或改善建筑的功能并延长其社会寿命，这些干预措施可被视为一种永久的商品化形式。纪念碑的影响力归功于赞助人和（在技术层面）建筑师。在某种意义上，随着时间的推移，作者身份（auctoritas）和艺术工艺（techne）的伙伴关系成为了策展实体（curating entity）的财产，策展实体必须以家长的身份进行一些有生产力的创造，以维护建筑并修复其缺陷。罗马保留了许多建筑的历史，这些建筑被反复修理或改造，并在灾难后按照新的设计重建。2世纪，人们重新设计了阿格里帕（Agrippa）的万神殿，但保留了其赞助人的专有铭文。

6.受伤、肢解和死亡。许多建筑在我们感兴趣的时期（大约是公元前500年到500年）遭受了痛苦和死亡。我们通常称受伤、生病和死亡的建筑为破旧或毁坏的建筑物，它们是城镇、圣地、农场或其他古典建筑群中有趣但未被研究的组成部分。或许是因为纯粹的疏忽和破旧，或者是因为无法补救的创伤，以非自然灾难性方式遭受损失的建筑往往在其景观中扮演着深刻的互动角色。在特殊情况下，废墟本身是文化记忆的纪念物。例如，公元前480年，雅典卫城的雅典娜神庙被波斯人摧毁，随后被保存为战争纪念物，这与今天一些城市中的废墟一样。更为普遍的是，破旧的遗址承载着边缘性或非法性活动，吸引着重建的投资，或者为其他地方修建新建筑或维修旧建筑提供回收材料。后两种功能尤其使它们有资格成为商品：一方面，解体带来了机会，如罗马在毁灭性火灾后的积极建设计划；另一方面，旧建筑材料的再利用和交换对建筑经济做出了重要贡献。

7. 来世。建筑本身及其部件可以以多种方式回收或再利用，并在这个过程中获得新的功能和身份。在古典晚期之前，人们很难以任何有意义的方式来描述这样一个复杂多样的现象，因为当时对教会建筑的巨大需求恰好与远程石材贸易的严重萎缩同时发生。在纪念性建筑中使用珍贵材料成了一场零和游戏[1]。柱式建筑被大规模洗劫一空，用来装饰坟墓、洗礼堂、圣物室、主教室，特别是教堂的中殿。更重要的是，公共或神圣的建筑和空间被简单地改造成教堂或其他基督教建筑。随着旧宗教教派的减少和消亡，它们荒废的土

1　零和游戏：又被称为游戏理论或零和博弈，源于博弈论；是指一项游戏中，游戏者有输有赢，一方所赢正是另一方所输，而游戏的总成绩永远为零。——译者注

地和建筑重新归于国家，成为新兴教会的普遍目标。但是，在旧的目的和新的目标之间，身份的转变是一个令人非常焦虑的问题，因其往往涉及建筑形式几乎完全改变。在这里，我们面临着一个器物的本体连续性问题：形式、功能、身份和名称都发生了变化，但空间的固定性和建筑骨架的某种表象却没有改变（图6-2）。然而，关于器物在空间和时间上的持久性问题并没有威胁到它们作为商品的地位。器物会被拆解，其物质成分会被重新组装成新的器物。重要的是，其一，价值是通过重组或重新配置一个被忽视的建筑部分或属性（砖、地板、温暖的南部区域等）来保存、产生或增加的；其二，价值被广泛地理解为人类在精神、心理或物质上的消费。

在绝大多数不涉及完全重新占有的情况下，建筑物的持续商品化可以理解为一个永久的使用历史，其中某些部分或属性被暂时或永久地托付给一些独立的存在。反过来，这些存在可能使建筑受益（通过关注它、为它供水、支付它的维护费用等），或者促成它的解体（通过拆解和重新使用它的部件）。但更重要的是，它们使无论是人还是物的第三方受益：将建筑的部分、质量或特征作为自己的资产。简而言之，就是人们将其作为商品来利用。小亚细亚帝国的所谓马莫尔斯（Marmorsäle）是一个特别典型的例子。这些高耸的剧院大厅嵌入了纪念性的巴斯体育馆（bath - gymnasium）建筑群，可以举办与建筑主要功能无关的各种仪式活动。

这种分割的商业，其名义基础是高使用价值——商品有用的潜力——在某些情况下由声望价值补充。例如，当一个空间因为其特别宏伟而被选择用于活动时，也许价值便体现在罕见的进口彩色大理石柱上。声望有一个无尽的变数，但可以肯定的是，劳动价值

图6-2 锡拉丘兹大教堂的内廊，建筑风格包括公元前5世纪雅典娜神庙的多立克（Doric）风格。照片：迪乔瓦尼·达尔奥尔托（Di Giovanni Dall'Orto）

（基于工作的质量和数量）和科林·伦弗罗（Colin Renfrew）所说的主要价值（指那些非常珍贵的材料）发挥着重要作用。但社会和历史因素也有助于确定声望的价值，例如，一位赞助人将一座碰巧是该市第一座也是唯一一座有价值的建筑赠予了他的家乡。在这种情况下，由于该建筑在该市的独特性、新颖性或与用户的关系，需求可能会很高。

但我们不应低估整个建筑的象征意义，尤其是当只有一个赞助人赞助的时候，这种情况在希腊化和罗马时期经常发生。这种建筑是对赞助人的一种崇拜，体现了赞助人的精神和权威。财产法反映了一种真正的恐惧，即如果一个人建造了太多的建筑，他个人的身体（以及象征性的）存在就会相应增加，几乎就像他把自己的身体放大到与其他人相比完全不成比例的地步。在罗马共和国晚期，观赏性的场所这一整类建筑都受制于财产法。这座城市没有永久性的剧院或露天剧场，据说是因为奇观和娱乐活动在道德上是堕落的，但更真实的原因是，一个由大人物赞助和庆祝的巨大会议中心有可能使他膨胀一百倍；而且随着该建筑发展出历史和经历，它将与大人物息息相关。

一次又一次，雄心勃勃的地方法官们被迫用临时材料建造他们的场馆，然后在履行公共职责后，将其拆除。直到公元前50多年，庞贝大帝才终于打破了这一禁忌，并诉诸法律虚构[1]：他将建造一座新的混凝土和石头大剧院（图6-3），通过法律上的虚构，谎称它实际上是一座维纳斯小庙的避难所[特图良（Tertullian），《论奇观》

1　legal fiction，指法律事务上为权宜计在无真实依据情况下所作的假定。

（*On the Spectacles*）]。庞贝的对手认识到，以庞贝的名义建造的剧院虽然昂贵得让人崩溃，但也会对其文化财富产生巨大的推动作用，然而他们无法阻止庞贝。在纯粹的声望价值方面，剧院将独树一帜。直到庞贝去世，剧院一直是他的财产，但实质上它从一开始就是一个半公共场所。即使他把它捐给了公众，它也会依附于他，就像今天一样。人和建筑都湮灭后很久，它依然如此。伟大的城市纪念碑是"黏性"的，或者说在文化上是不可分割的。正如马塞尔·莫斯（Marcel Mauss）得出的结论：它们是礼物，因此与赠予者的本质相同，赠予者无法摆脱它们。万神殿即使被拆除和完全重新设计之后，它仍然坚持为阿格里帕服务。从非常真实的角度上，纪念碑是为了给赞助人带来回报而建立的。通过生产一种具有高声望价值的概念上的单一商品，庞贝也在消费声望及其附带的所有好处，例如扩大社会网络。

因此，纪念碑是象征性资本原则的缩影。到了罗马帝国时期，这种"慷慨解囊"是帝国各城市的常态。这种将公共建筑商品化的特殊模式也许在小亚细亚的城市上流社会阶层中达到了顶点，在那里，慈善被用作政治和社会统治的工具。浴场、水渠、体育场、图书馆、寺庙等公共项目只需满足符合社会规范的期望。但这个过程是互惠的。这些给人民的礼物，因其受欢迎程度而被认为是公众以支持的形式回馈给赞助者的货币。通过接受和采用建筑，公众承认了它作为赞助人纪念碑的合法性。

这些建筑的视觉特征采用古典柱状形式，是标准的罗马风格，任何来访的皇帝和他的元老院随行人员都会觉得熟悉和舒适。尽管某些建筑类型（例如浴室－体育馆）带有明显的地域印记，但在这

图6-3　罗马庞贝剧院。A.利蒙格利（A. Limongelli）重建视图，1937年

些建筑中几乎看不到可以理解为混合性的建筑——我指的是主导文化和从属文化之间的可见性文化协商，更不用说抵抗了。亚洲的当地上层阶级很容易被罗马的统治所同化，这表明他们的器物也同样被同化了。然而，罗马的其他省份则讲述了不同的、更微妙的故事。雅典的阿戈拉，现在位于亚凯亚（Achaea）省，由于其丰厚的文化和政治遗产，在罗马人的感情中占有特殊地位。但是到了帝国

初期，这座城市的大部分创造力已经消散，它的外国统治者开始用反映罗马特色的神圣和世俗建筑来填满以前的开放广场，同时将商业活动转移到附近的一个新广场。所有这些建筑或重建的"新"建筑（从雅典以外的地方整个铲除并搬来的古典神庙）都是为了产生一种人为的罗马人对古希腊的怀念，而且以更微妙和更复杂的方式给予当地希腊人一个机会，即试图用一种加强的当地自豪感的记忆剧场（memory theater）来缓解他们的无力感和屈辱感。特别是阿格里帕的大礼堂（约公元前15年）和亚戈拉以东的哈德良图书馆（the library of Hadrian，约132—134年），它们不仅是为了纪念对雅典人来说仍然至关重要的文化活动（演说、音乐、哲学、文学），还通过其精英赞助和纪念性（声望价值）、实用性（使用价值）和稀有材料（主要价值），表明这座城市仍负盛名。奥古斯丁（Augustan）时期的建筑计划，尤其唤起了雅典辉煌的军事历史和阿提克风格的演说传统，这些都是当时的罗马精英所喜爱的，他们往往在雅典接受教育。

虽然人们迫切需要建造一个真正抵抗罗马中央政权的建筑，但是当时建造这样一个建筑仍然是一件奇特的事情。我们在西部省份发现了大量的混合建筑，这反映了城市项目中当地精英赞助商之间谨慎平衡的态势。在城市和避难所的罗马化过程中，象征性资本的巨大投资在对过度的、自上而下的建筑统一性进行微妙的、有节制的反制时，获益最大。当新的建筑为当地的仪式或习俗留有喘息的空间来回应罗马霸权时，当地居民的非罗马习俗和传统做出了最好的反应，也就是伍尔夫所说的结构性差异。然而，也许西部省份最著名的混合建筑保留了更强大的传统经验。英国、高卢和德国的伽罗－罗马神庙（Gallo-Roman temple）是同心圆结构，通常有一个环绕式的棚顶廊道（图6-4）。它们与这些地区的驻军所喜爱的传统细长形罗马式神庙没有什么相似之处，但它们的柱廊和砖石墙都归功于罗马的实践。

　　激励谈判各方的核心动力是自身利益最大化。在这种契约环境下，谈判的对象——建筑和塑造它的仪式——表现为易货交易或货币。本土传统往往在宗教领域表现得最为明显，因此，在城镇和乡村大量出现的伽罗－罗马神庙可以看作霸主和当地人的双赢结果：在宽宏大量的上层人士看来是对当地人的让步，在下层民众看来是无可争议的安身之所（pied-à-terre）。

图6-4　重建的伽罗－罗马神庙，德国波默恩马尔堡考古公园。照片：D.赫尔德默滕（D. Herdemerten）

认知与记忆

根据梅林·唐纳德（Merlin Donald）有影响力的关于人类认知和文化发展的进化模型，模仿（主要是前语言模式）和神话文化（伴随着语言的发展）之后，人类思维的第三个也是最后一个伟大的发展阶段就是他所说的理论文化。这是指一种通过外部符号存储文化媒介来表现知识和记忆的方式，特别是用书写系统来代表知识和记忆的模式，它允许符号信息以持久、独立的格式存储和传输。通过促成实际上是一种新的转录和恢复记忆的模式，这种系统"改变了认知的集体结构，并改变了人类社会的思考和记忆方式"。

显然，特别是在讲述故事时，视觉艺术被归入这些系统中。欧洲洞穴墙壁上最早的符号，比书写系统早了大约25000年。然而，不太明显的是，建筑以类似的方式发挥着作用。最近有人提出，在近东新石器时代的初期（约公元前10000年），建筑空间构成了该地区最早的外部符号存储系统。诸如杰夫艾哈迈尔（Jerf el Ahmar）和哥贝克力石阵（Göbekli Tepe）这样的遗址，它们融合了正式的石头结构和戏剧性的浮雕艺术表现，可能起到了记忆剧场的作用，通过塑造仪式空间并为其注入可理解的象征意义，对人们进行仪式生活和制度的文化熏陶。从一开始，这些神圣的建筑就是可以思考的器物。

更加复杂的前现代社会的建筑，特别是本章所涉及的古希腊罗马建筑，是如何作为深度文化的对象的呢？尤其是在仪式的背景下，古典建筑有很多模仿前人的示例。但是，可能没有比古希腊剧院本身更能体现这种记忆的剧场了。由于与仪式和故事的制定有着强烈的契合度，建筑一直是戏剧性的。它们塑造个人和集体，使其参与到公共行为之中。建筑也是协作性的。一个剧院与表演一起出现，一座教堂与仪式进行互动。建筑空间赋予仪式以具象，反之亦然。但值得强调的是，希腊人是如何彻底由这种协作特性推出其逻辑结论的，即建造专门用于表演的建筑。这种发展没有任何明显或不可抗的趋势，这也引出了一个问题："哪个是先产生的，集会还是集会场所？"这个问题似乎毫无意义，因为两者肯定是共同发展的，但如果只是作为一个思想实验，我们仍然可以这样问：集体感知的对象有多少？我们称集体知觉为戏剧（play），这个术语有效地将抽象的创造性工作和它在现实时间和空间的表现结合起来。戏剧一旦体现在建筑器物中，就再也不会被复制了。关于古代表演活动的报告或剧本，如戏剧、政治会议、法庭案件等，以一种无形的形式流传到我们面前，或者至多是作为表演本身的一个脆弱的载体，仅在其书面形式上构成了一个非常不同的、缩小的实践经验。诚然，这些"灵魂"可以被重新激活，但绝不会是在承载其起源的同一个"身体"里（无论是建筑还是人类集会）。在一些基本的意义上，概念和材料是相互作用的，也是相互构成的。因此，让我们暂时设想一下，无论多么不完美，古希腊戏剧（一种表演性的经验）的整体都在戏剧（表演性的空间）中被重新构建起来。

就集会、戏剧和体育场所而言，古希腊城市是第一个发展出这种流行至今的碗状建筑。古希腊的城市剧院坐落在山坡上，大部分情况下，它们与城市核心相距甚远，但在某些情况下，如古典晚期和希腊化时期的西西里岛，由于剧院在公民生活和公共身份方面的重要作用，它们靠近城市议会大厦。和寺庙一样，它们大部分时间都是空着的，但在满员的时候，主体间性（intersubjectivity，即对感知对象的共同主观体验：一出戏、一次演讲、演员、演说家和建筑本身的关键组成部分）使它们充满活力。这使它们具有一种神圣的气息，即戏剧表演是一种朝圣之旅。它们也是社会过滤器，将古希腊非公民社会的某些群体完全排除在外，其中甚至可能包括女性。没有什么比障碍物更像器物了，对于古希腊的许多城市居民来说，看到剧院就隐隐约约地传达了"禁止入内"的信息。但是，作为那些有特权参加之人的认知引擎，以及作为这个群体中社会凝聚力的有力工具，剧院作为器物确实是一个非常丰富的象征性存储容器。对于普通观赏者来说，剧院充满了与这个地方相联系的记忆。如一个被著名演员扔下一朵百合花的特殊座位，一个音乐家留下的涂鸦，一位喜剧演员匆忙离开时在那里卸下了假肢的右侧舞台门边缘，一个雄心勃勃的合唱团的解散之地——左侧的乐队登场通道，这些都有助于文化记忆的形成。古希腊罗马人倾向于在座位上刻上购买或获得永久使用权的赞助者的名字，从而加强了这种经验的固定性（这种倾向在罗马时期更加明显）。这样的铭文不仅将建筑与人联系在一起，甚至对不识字的普通人来说，也是一种象征：走开，你不属于这里。在罗马帝国的剧院里，座位等级制度是严格而又复杂的，根据社会地位、年龄和性别，几乎每个人都被限制在一个特定的座位区内。

这种包容和排斥很容易理解，现代体育场馆和音乐厅到处都是这样被等级、特权或集团身份所区分的地方。此外，假设你接受百合花的座位（也许是记忆在作怪！）没有编号，就像大多数前罗马时期的座位规划一样，那么，你可以将建筑物本身用作推算工具，要么通过视觉三角定位到记忆中的有利位置，要么通过识别附近的惯常参与者，或者通过从管弦乐队开始数排数，用步数计算出与通道的水平距离。无论哪种情况，你都是依靠剧院这个器物来完成外在的认知任务，强化或完善剧院这个器物一开始带给你的记忆。这种问题的解决，就像拼字游戏的牌子或拼图的碎片一样，分布在我们的头脑和物质环境之间，只有通过两者之间的互动才能实现。你周围的其他资深观察者可能会进一步加强、修改和补充你的回忆（无论是内部的还是互动的），你可能会从周围的建筑及其长期居住者那里获得线索，以唤醒旧的记忆，甚至将它们聚集在一起产生新的记忆。

古希腊剧院建筑含蓄而明确地塑造了这种体验。古典晚期和希腊化时代，剧院严格的欧几里得（Euclidean）圆锥体结构由平行排列的弧形长椅构成。这种结构加强了体积感；即使密集排列的组成部分具有更丰富的质感，但其纺织品织线般的纵横排列规律也会让观赏者们将注意力转移到接缝处，即径向（radial）和圆周过道，在穿插时成为视觉线性运动的路径。反过来，径向过道将人们的视线引向中心、圆形管弦乐队、长方形舞台及其柱廊、瓦顶等场景建筑。剧院肯定是有界限的器物，但它们也包含了所谓的感觉集合体，是"身体、事物、物质、情感、记忆、信息和想法等异质元素的共同存在"。视觉和声音自然是在奇观场所中发挥作用的最重要的感官。但其他感官也可以在产生记忆方面发挥作用。人们也许只能在剧院有演出的时候通过爬上特定的山坡来体验沿海城镇的日常对流微风，而剧院的设计可能会加剧这些微风的存在感。气味最能敏锐地激活记忆。古希腊剧院里到处都是气味，那里有很多食物、酒和体味等。所有这些都会激活一种记忆，即使是比较普通的记忆，也会变得很强烈，就像现代人把爆米花和电影院联系在一起一样。

让我们暂时考虑一种更未言明的建筑认知，即可以称为内涵或次要功能的认知。与许多非西方社会的类似物相比，隐喻在古希腊罗马建筑中的地位很低，但它还是发挥了重要作用。对于一个对容器（编织的、陶瓷的、石头的）的实用性和认同感都有巨大投入的文化来说，剧院的形式很难不令人想起碗或篮子。就像双耳罐中的酒糟、捣臼中的大麦、洗衣店中的矿石、蓄水池中的沉淀物或抽水马桶中的黏土一样，剧院密集的文化层沉淀在底部——管弦乐队和舞台。与坐在下层的时尚贵族们相比，舞台和管弦乐等相关建筑组件显然是演出中最受关注的对象。作为演出时会被操作的设施，组件通过向下和向中心吸引注意力，过滤掉世俗和普通的东西（例如后台活动、外面的城市生活、观赏者的正常运动和声音），并通过鲜明的几何框架结构突出戏剧性，从而强化戏剧体验。随着时间的推移，场景建筑拥有了富丽堂皇的风格，模仿了精英和其随从的文化环境（维特鲁威，《论建筑》）。在舞台上空秘密运行的加重臂也增加了人们共同的幻想。

这些关键组件与演员的身体和声音相辅相成，将人们的思想传递到一个遥远的、久远的地方。它们起到了隐喻的作用。从字面上看，关键组件这个词的希腊语词根metapherein意味着超越和运输。因此，它们通过与舞台上的动作实时合作，将人类的想象力发挥到了在其他类型建筑中罕见的程度。有意思的是，"弧拱"这个词通过建造者的艺术创作，获得了多种多样且通常是抽象的现代含义。其最基本的含义是"帐篷"（即一个轻量级的、可移动的亭子，可能是由织物铺在木架上或用绳索悬挂的窗帘组成），它一开始表示舞台建筑。在希腊化晚期和罗马时期，它发展成为一个精致的、对称的、有三个门的柱廊式背景——布景楼（scaenae frons）。通过隐喻，"弧拱"这个词不仅代表舞台动作，而且代表几乎任何限制在潜力框架内的动作序列。一个场景，在其所有的含义中，都有一个隐含的约束性架构。这一点我们要感谢古希腊人。

图案、装饰和风格

艺术史学家和人类学家习惯性地将模式和形式作为不同的概念来讨论，尽管它们之间显然有重要的相互依赖关系。这可能是因为他们分析的器物类型往往分为两类。第一类，民族学长期以来所熟悉的器物，即具有精心设计的表面图案的功能性器物（包括文身的人体）；第二类是建筑，从哥特式建筑到现在的建筑，它们都陷入了现代主义意识形态的冲突之中。但值得一提的是，中世纪前的纪念性建筑对这种二分法提出了挑战。

根据阿尔弗雷德·盖尔关于艺术与能动性（agency）的系统理论，艺术器物具有指数，它使能动者和受动者之间的行动成为可能。这些行动可能涉及对象的创造或接受。他认为，应用于器物的图案是一个指数，即使它没有原型（即是抽象的，不代表任何东西）。该模式的任何部分——他称之为图案——可以是嵌套在支配性指数中的从属指数，作用于另一部分，就像一个红色区域"推"着一个蓝色区域一样，因此能动者和受动者可以是事物，也可以是人。

在这个模式中，这些重复的行为产生了动画的效果，通过这种方式，受动者（在这种情况下，也就是观赏者）的头脑试图以某种方式记录产生该模式的对称性特征（反射、平移、旋转、滑行反射）。但头脑很快就会发现自己被错综复杂的问题困住，因此出现了社会关系的一个基本属性，即"未完成的事情"的状态，这是可取性（desirability）和价值的一个关键组成部分。这种陷入或迷恋于一个模式的倾向，被称为黏性，或认知黏性，它提供了一种避邪艺术（apotropaic art）背后的常见逻辑——迷宫般的模式，旨在像门口的捕蝇纸（flypaper）一样捕获恶灵。[1]

我选择在这里集中讨论古典建筑中的模式，而不是形式，原因很简单，是因为后者太多变，也太复杂，无法在短短的一章中解决。此外，我认为，古典时期世界的公共建筑——即使是一个普通的观赏者也会认为其具有古希腊或罗马的特征——更多的是与模式有关，而不是与形式有关。柱子、台阶、拱门、圆顶、三竖线花纹装饰、棺材这些人们所熟悉的古典特征，以及其他更多的特征，都是通过它们在建筑的横向或纵向景观中的重复来定义的（图6-5）。我们可能也会注意到，前两个特征并非完全或恰当地置于本节"装饰"的标题下。所有这些特征也不是抽象的。瓦檐饰（antefix）经常出现神、英雄、狮子等的头像。一个长期存在的理论认为，这些元素中

---

1 这一观点似乎与贡布里奇著名的认知假说（1979年）背道而驰。该假说源自卡尔·波普尔的"排除原理"，即相比模式本身，大脑更关注模式的中断，选择中断是因为这在我们的现象世界中具有更大的解释价值。但两者并不是那么不相容。在没有提示我们的"突破观察者"的帮助下，观察大量装饰品的结果是混乱的。这种状态或许可以与盖尔的恍惚般的魅力相提并论。——原书注

图6-5 罗马韦帕芗神庙的柱顶部分，现陈列在罗马国家档案馆。照片：R.泰勒

的一些（尤其是三竖线花纹装饰）是模仿过去结构特征的"解说词"（维特鲁威）。像多立克三角石雕一样，模型石雕和锯齿石雕（爱奥尼亚式和科林斯式的特征）也可以被合理地作为屋顶和天花板横梁外露末端的石制装饰，这来自一个更古老的传统，当时神庙的外部末端只是木制的。镶板[1]也表示纵向和横向穿过天花板的梁柱网格（图6-6）。

图6-6　现代修复后的尼姆市（Nimes）方形屋门廊天花板。照片：M.卡夫

英国哥特式建筑的外墙以其丰富性为特征。不过你可能会认为古典主义装饰更有条理，更能体现建筑的形式。例如，它通常放弃了片状的扩张性图案，而是依靠线脚来框住边缘和开口。其目的是

1　镶板：这些凹陷的镶板系列通常用作天花板或拱顶的装饰，格子天花板可以被称为镶箱式天花板。——译者注

通过勾勒基础形式的体积和空隙来阐明建筑的基础形式，这是一种感知器物本质的一般策略，即通过强调其一般形式，突出其功能和地位。在罗马时期，这种趋势发展为三维围栏，这是我们从古典时期继承下来的最令人难忘的建筑成果之一。在三维围栏最简单的形式中，凹陷的方格被插入一个圆柱体的一部分，以衔接一个桶形拱顶；但到了公元前2世纪末，这种设计已经被精心设计成环形的桶形拱顶（图6-7）。随后是圆顶、半圆顶、十字拱顶等，它们以几何

图6-7　意大利帕莱斯特里纳（Palestrina）的幸运女神庙（Sanctuary of Fortuna Primigenia）的环形桶形拱顶。照片：R.泰勒

图6-8 罗马维纳斯和罗马神庙后堂的半圆顶拱顶

图案装饰。特别是在穹顶或半穹顶上，径向的镶板可以模拟旋转运动，因为人们头脑中会出现一个径向的镶板，并测试它与邻近的镶板是否相同。当链条以如六边形或菱形网格的非常规方式引入时，这种效应尤其明显。人们评估的目光会促使拱顶在他们眼中像风车一样转动（图6-8）。

　　柱廊无疑是古典建筑设计的主要特征，它在古风时期（Archaic period）和古典时代晚期之间的千年中被不断推进。从公元前7世纪开始，独立的柱廊出现在希腊城市或避难所开放空间的一侧。古典时期低矮的、有规律的建筑外墙相当长，有时超过100米，有些还用较轻的柱子增加了第二层外墙。在主立面后面，通常沿着建筑的轴线来维持内部秩序。建筑的柱子与柱子的外部对应物对齐，有的与围堰衔接，以此支持横梁。在地中海阳光明媚的一天，广场内部的几何形状有节奏地沿着条纹跳动，每一个形状都有不同的规模、纹理和图案（图6-9）。在希腊化时期，随着庭院围墙的发展，大量横向和竖向排列的柱子成为公共建筑的标准，它们通常用来定义围墙。罗马人将这一趋势推向了新的极致，不仅将广场、圣所、浴场和花园笼罩在柱廊中，而且还在街道上铺设柱廊。

与建筑的任何其他组成部分相比，柱廊体现了一种本体论悖论：它既是形式又是模式。它是形式，因为它可以被分解成不同的结构支撑；它也是模式，因为当它被缩短成远处透视中的条纹时，以其严格重复的图案吸引人们的眼球——有时是点缀着凹槽的白色石头，有时是彩色大理石光滑的轴线，有时是底座和柱头呈对比的白色，等等。从理论上讲，这种模糊性很重要。很少有现代的视觉或物质文化理论——尽管这些理论有很多——承认形式（更不用说结构形式！）和模式的类别可以使用相同的物质指数。这种夸张的二分法似乎是从文艺复兴时期的建筑师和建筑理论家利昂·巴蒂斯塔·阿尔贝蒂（Leon Battista Alberti）那里继承来的，他曾骄傲地宣称："虽然美是一种内在的、几乎自然的品质，继承于我们称之为美的有机体的整个结构中，但装饰物的外观是一种附属品、辅助品，而不是一种自然属性。"[《论建筑艺术》（*On the Art of Building*）]但1908年，现代主义教条（modernist dogma）在阿道夫·卢斯（Adolf Loos）同样著名的宣言"装饰与犯罪"中，得到了令人难忘的表述，现代主义教条将这两个类别进一步分开。

这种持续的错误似乎反映了对现象学经验的否定，因为没有考虑

图6-9　雅典阿塔洛斯重建的柱廊（Stoa）。照片：迪德·恩

到架构特征可能因距离和视角的不同而产生的不同效果。这种模糊性似乎植根于比例和视角：在近处，柱子是其结构的形式组成部分，但从远处或斜角看，它们变成了模式，同时不一定失去其形式特征。因此，它们不会诱发认知科学家（cognitive scientist）所谓的知觉颠倒，就像著名的"鸭兔错觉"那样。柱状图更类似混合图像，随着观看距离的改变，它能激活图像的知觉印象，并使图像的知觉印象发生明显的转变。但即使是这种类比也不令人满意，因为我们处理的是两类知觉反应（形式和模式）之间的移动，而不是单一类别中的两种知觉（例如大象和豹子的二维形式）。这种转变不包含任何幻想，也不需要有意识的努力来转换模式。这只是一个看到森林和树木的问题，它可以是同时的，也可以是连续的。

当然，从某种意义上来说，柱廊的广泛应用可以理解为风格的一个重要组成部分。除了风格这个词来自希腊语stylos，即"柱子"（来自拉丁语stylus，即书写工具，因此也被看作一种书写方式）这一令人费解的事实之外，没有柱廊，关于古典风格建筑的论述就没有意义。就群体风格而言，我觉得伊恩·霍德（Ian Hodder）将风格描述为一种历史品质特别有说服力。霍德观察到，风格是一个永无止境的过程，是包含"行为方式"的一般事件类别的特定实例。每个事件都具有解释性；通过对它进行解释，它修改了自身背景，从而影响了所有的后续事件，并必然地影响了整个类别。尽管如此，"风格似乎确实创造了一个固定不变的'现在'。它将空间性置于时间性之上，似乎是要停止时间"。风格可以而且确实反映了更广泛的普遍性（例如，细高跟鞋反映了女性气质），但这些普遍性可能掩盖了内在的矛盾（例如，细高跟鞋象征着精致和凶猛）。很多人可能尝试过通过解释来解决这些矛盾，但从未有人完全成功过；"群体风格仍然有部分神话的因素"。霍德呼吁考古学家将风格解释为社会行为，并且明确关注它的内在矛盾。

柱廊是否可以看作整体辩证法的一个测试案例？它们无处不在，在古希腊罗马世界的公共城市建筑中占主导地位——约500万平方千米的领土和超过1000年的时间，挑战了霍德关于风格中"固定存在"的概念。当然，我们所面临的是一个风格的等级制度。普遍的柱式风格中，有无数的子风格：因区域或时间而产生的变体、个体创作风格、当地材料所带来的特有风格，等等。即使是一个街区的柱廊，也会有多种建造风格。[1]此外，我们可以将柱子的许多关联应用称之为类型，从私人花园到战争纪念馆、坟墓、浴室和街道，它们进一步折射出我们的解释能力。

以柱廊大道为例，这是罗马帝国时期的一个特色。随着柱廊逐渐征服城市的街景，特别是在东部城市，城市街景中古老的、多样化的立面建筑被改变了。对于具有个人特色的各家商铺及拥有独立性和半自主性的店面入口来说，它们可以拥有的多样性被压制了，这就产生了第二个悖论。当街道本身变得更一览无余时，当它是通过展现中间或远方的目标来邀请行人前进时，边上的器物被掩盖在柱子屏障后面的阴影中（有时在东部地区，街道本身有屋顶，但没有人行道，因此这里实际上便形成了一个集市）。在现代的分析中，将街道转变为柱状大道本身似乎是一种平庸的做法，是罗马建筑教科书中的常见现象；但事实上，它反映了一种深刻的社会趋势。在

---

1 摩洛哥的沃鲁比利斯就是一个例子，其中一个个由拱廊式立柱、带横梁的立柱和柱子组成的相邻的门面，沿着德库马努斯大教堂依次出现。——原书注

2世纪到4世纪的许多城市中，将一个城市的自治指标（autonomous indexe）与大幅简化的超指标（hyper-index）相叠加，预示着随之而来的是对权力结构的简化和对社会控制的严格巩固，特别是在街道前的柱廊最为常见的东部地区。

在迪奥·克里索托姆的一次演讲中，我们可以看到这种赞助项目可能会引起不适。他在演讲中痛苦地谴责了当地商人。商人们在得知他计划在家乡普鲁萨（Prusa）赞助一条柱廊式大道时，他们对迪奥进行了阻拦，因为这条大道可能会取代他们的生意场所。然而，迪奥所遭遇的这种情况可能是不常发生的；大多数商人和工匠可能很乐意提升档次，并在富丽堂皇的外表下发挥他们的商业潜力。然而，从帝国各地的铭文和建筑遗迹来看，一旦柱廊建成，店面经营者就会把柱廊弄得乱七八糟。他们同时会采取一些补偿手段，如通过把他们的业务和商品扩展到柱廊本身的有顶棚的人行道上，来恢复他们店铺的个人特色。今天，在有顶棚的人行道上的商家也经常这样做，用家具、隔板和东西堵住道路，以减缓顾客经过的速度并吸引顾客到来。这种目的性的模糊，加上作为开放和封闭空间之间的边缘地带，柱廊在形式上的迷惑性，都使它具有一种隐喻性的道德模糊性（moral ambiguity）[1]：一方面，它是社会失调的惯性环境，是下层人的惯常聚集地；另一方面，它又是一个有高度文化修养的高雅哲学的场所。

也许柱式建筑确实反映了时间上的一个凝固时刻，标志着东方帝国许多地方不平等的崛起。然而，这一"时刻"可以说已经发展和持续了几个世纪，在一些领域加剧，而在另一些领域减缓。

1　道德模糊性：对某事是对是错缺乏确定性。——译者注

结论

回到物理质量、凝聚力和固定性的文化尺度，器物至少在概念上是我们可以用身体操控的东西。我们需要这类文化，因为它可能与商业重要性有关。另外，建筑空间属于更广泛的器物类别，无论是从物理上还是概念上来说，它都是由主体的某种属性所制约的：好奇、兴趣、恐惧、悔恨和蔑视，等等。有条件的器物比简单的器物更不可能具有纯粹的偶然性，例如我们的语言很容易顾及随机的器物，但不能顾及拥有欲望、注意力、探究、寻求或敬畏的随机器物。[1]换句话说，建筑和城市空间更有可能显示出与它们有知觉的主体之间的关系，这种关系超越了纯粹的偶然。虽然正如伊可（Eco）所说，建筑话语（architectural discourse）确实被大多数人无意识地体验到了，但他也观察到，建筑在"漠不关心人们如何使用它"和"强制人们用某种方式使用它"的强烈反差之间徘徊。在东罗马的一个永久的城市集市里有一堆凌乱的小摆设，它们习惯性地分布在凉爽而又合理的柱廊区域，这一景象完美地诠释了这种悖论。无论我们是否在意，我们周围的建筑空间，我们走过的地方，我们在其阴影下寻求遮阳，我们不得不沿着其街道走，都充满了偶然性。古代也是如此。人们和建筑之间可能或确实不断发生着各种事情，因为建筑为他们的日常生活设置了场景，环绕着他们的活动，引导了他们的行为。在建筑内和建筑周围的每一个时刻都是一种相遇。

1　即我们的语言很容易涉及一些很平常的器物，但很少涉及有特殊意义的随机器物。——译者注

第七章

随身器物

卡罗琳·沃特〔Caroline Vout〕

引言

公元79年维苏威火山爆发时，庞贝城的许多居民随身携带着一袋袋硬币、珠宝、银护身符和平底锅逃走了。这不仅仅是为了在失去家园的情况下保留可以转化为现金的材料，也不仅仅是为了保存对家园的记忆，甚至护身符也不仅仅是为了保护自己免受危险并确保安全通行；而是出于比这更基本的需求，即让自己与这个世界产生关联，从而不孤单。人们担心只剩下来到这个世界上时赤裸的身体，失去了自出生以来陪伴他们的各种器物。这些器物不一定能支撑他们正常生活，但在时间和空间上能将他们与地球联系起来。在他们安顿下来的过程中，这些器物通过人们将其携带的举动和渴望的心态，安慰了他们，给了他们生活的意义，这不仅仅是世界末日时刻的"安全措施"，而且是"自我的延伸"。这些器物可能是传承下来的或从其他地区引入的，又或者是由其佩戴者在当地生产的。

所有这些都可以称为财产、财富、供应、物质、事实和行为。

今天，考古学家深谙将器物视为具有因果关系和象征力量的积极因素，帮助人类身体（human bodies）通过制定规则（无论是吃饭，在庙里献祭，还是梳头）"具身化"（embodiment，满足其自然食欲，聚焦其目光，并放大其腹部、四肢、手指和皮肤表面的感觉，从而扩大其在世界上的位置）。他们承认，通过锻炼身体或与身体互动，器物最终不仅将身体定义为一个由细胞群组成的有生命、有呼吸的复合物，还赋予它一种不易陷入因话语、死亡而泄气或仅以当时的状态呈现的东西。器物通过其表现形式确切或模糊地塑造一个人的身份，特别是那些戴在身上、由身体处理或消费的器物，发挥了调解的作用。从某种意义上说，它们是一种正在形成的"礼物交换"，这就是为什么古代圣殿里塞满了纺织品、青铜器、陶土、胸针（fibulae），等等，以及为什么古希腊罗马神像常常具有属性。这些属性赋予了他们与人类的共通性，就像发出神圣的信号一样。

古人也理解这些"与身体相关的器物"在这些关系中所起的作用，这些关系是将自然转化为文化网络（社会、智力、经济）的基础。我们将在它们对人类和神的表现，在陪葬器物中，以及在有关它们的词汇表中看到这点。形容词"lautus"在外表或行为上的意思是"优雅"，"穿着得体"或"华丽"，它来自动词"lavare"（洗浴）。这似乎违背"lavare"的直观含义，直到人们意识到这再次证明了一个事实，即沐浴等日常活动以及与沐浴相关的器物，例如油瓶和刮油器，会凭借其本身的力量使身体"工具化"，将其从自然状态转化为更精致的存在（something more refined）。这意味着，化妆品也是本章内容的一部分，我们将探索为什么刮身板，以及阿利巴罗伊和莱基托伊（lekythoi）这两种盛装油或香水的容器，经常与死者一起埋葬。当罗马作家彼得罗纽斯（Petronius）向读者介绍淫秽富有的自由民特里马乔（Trimalchio）是一个"劳提斯慕斯"（lautissimus）的人[一个非常或过分"劳特斯"（lautus）的家伙]时，意味着这个词是味觉的信号，味觉是辨别和划分等级的信号[彼得罗纽斯，《萨蒂里卡》（*Petronius*）]。与身体相关的器物不可避免地具有政治性。什么时候努力会变得过度，文化会滑向暴政？毫不奇怪，那些与身体关系最密切的器物（衣服、珠宝和食物）是由古典的禁止奢侈的立法来约束的。这是化妆品可能带来的影响——过度奢侈，他们必须谨慎对待。

器物并不比使用它们的主人更容易被确认身份。兵营中发现的武器与坟墓或避难所中发现的武器是不同的器物，具有不同的职权范围和潜在影响（potential to act）。即使所有武器在尺寸、材料和装饰上都相似，但只有在兵营，武器才具有杀戮和肯定战士阳刚之气的能力。在其他地方，它可以说只是一种象征性资本，以一种既不要求履行"战士"的职责，也不需要有人欣赏的方式来提高死者或献祭者的声望。事实上，在几何形状的坟墓中，剑在埋藏之前通常是弯曲的，这使得它们没有杀戮的意义。和斯特里吉尔（strigils）的情况一样，女性骨架上偶尔也会有武器。例如，在公元前4世纪的维尔吉纳（Vergina）的"菲利普墓"[1]（Tomb of Philip）里，前厅放置了一名年轻女子的遗骸，以及王冠、长矛、戈里托斯（gorytos，

---

1 一座未开封的陵墓，里面藏有大量财富和各种武器，其中一些很可能比死者去世时的年龄还要大。——原书注

组合箭袋和弓架）和胸针。

　　这可能是个例外，但它使器物作为"自我的延伸"的概念更加复杂，并质疑"与身体相关的器物"一词所暗示的互动性质。在最不确定的情况下，我们可能想知道是否应该期待女性尸体具有女性气质（或男性具有男性气质）。大量古希腊人和罗马人相信来世（福祉或持久的惩罚），对亵渎尸体的人施加严厉的惩罚，并为此做出巨大的努力，尤其是在罗马，为了将死者融入家庭和公民体系，与尸体接触所造成的污染意味着尸体的不纯洁。一具尸体、一堆骨头或灰烬还有什么化身吗？这个问题早已存在于《柏拉图》之中，苏格拉底声称他的尸体不是他（尸体中没有他的任何部分）；亚里士多德也这么说，对他来说，没有灵魂的身体只是与身体同名[亚里士多德，《论灵魂》(*De anima*)]。尽管墓葬器物经常用来说明"日常生活、手工艺品和艺术生产"，但我们最好把与活人身体有关的器物和与死人身体相关的器物视为不同的类别。

　　接下来主要讨论纪念性雕塑。这些雕塑从它们佩戴和持有的器物中获得了意义（参见奥古斯都的雕像）。这为我们提供了一个窗口，了解制作者是如何看待这些器物影响（他们自己的和其他人的）身体的，以及身体在古典时期对器物产生了什么影响。不可否认，象征性雕塑所提供的观点无疑是理想的和片面的，但这些观点使我们能够将器物的美学（它们的风格和形式）作为其广泛的可供性联系的一部分（不仅吸引视觉，而且吸引感官知觉），并且强调佩戴珠宝、织物和喷洒香水具有将所有器物客观化的力量，模糊了器物与人、表现与现实之间的界限。本章第二节提到的几个案例研究也关于墓葬器物的，它们弥合了我所提出的两个可能是不同的（如果不是离散的）器物世界之间的差距。第一个案例研究来自古希腊和古典希腊时期[1]，第二个来自罗马帝国时期，最后一个来自古代晚期。本章第三部分主要了解器物如何在墓穴等封闭环境中发挥作用。

身体和器物之间不断变化的关系

(1) 古希腊与古典希腊时期

在公元前6世纪和前5世纪初，希腊的风景区被一大群独立的雕塑所占据，它们在今天称为科罗伊（kouroi，青年）和科莱（korai，少女）。它们都是僵硬的，大部分都是从石头上砍下来的，但它们大多数都面带微笑，仿佛意识到自己从石头上被创造出来，以及在一个交易性的宇宙中所扮演的角色。男性人物往往是裸体的，它们握紧的拳头和粗壮的大腿充分证明了体育锻炼对身体的影响；而女性则有着精致的发型和穿着（图7-1），其中许多人戴着精美的珠宝和头饰，胸前紧抱着动物、水果或鲜花，或处于一个讨价还价的形态中。作为圣所的献祭或坟墓的标记，这些雕像是主角，其目的是取悦凡人和神明，它们好像总是通过伸出手臂或一条左腿（在科罗伊的例子中）进行一次跨越，来缓解人与神、世间与冥府之间的存在论鸿沟（ontological gap）。

然而，我们在这里关注的是科莱。它们不仅仅是在宗教或纪念性环境中器物对人的情感产生影响，还是对女性的特殊客体化。它们更普遍地揭示了与身体相关的器物在希腊生活中的重要性，它们用作地位的标志、快乐的使者（我们在这里认为，不仅是视觉上的

1　原文 Archaic and Classical Greece，是希腊的两个不同的时代。——译者注

图7-1 阿提克梅伦达地区，弗拉西克利亚（Phrasikleia）的葬礼雕像，约公元前550—前540年。雅典国家博物馆，第4889号。照片：雅典国家考古博物馆（V.von Eickstedt）希腊文化和体育部

快乐，还是通过拖拽裙子所表现出来的皮肤对织物的感觉），以及作为金融和技术的资本。科莱是年轻女性的代表，它们有的在炫耀自己的腰带或腰饰。科莱是即将被"结束"的处女，它们穿戴着陪嫁物品。通过这些陪嫁物品，它们加强了与"好妻子"之间的紧密联系。我们是否可以推断它们已经编织了自己的衣服，并将在婚礼前将其献给阿耳忒弥斯（Artemis）或雅典娜？

接受这个想法很重要，这会提醒我们，去除身上器物的仪式同样重要[男孩和女孩为纪念其成年而剪下来的一绺头发，或者在罗马，男孩在性成熟时去掉托加护身符（toga praetexta）或大头巾及其提供的保护]。当然，科莱通过巧妙的装饰显得非常醒目，几乎可以预见新娘在婚礼当天将穿着那些精心编织、图案丰富的衣服。任何隐含的生产努力（effort of production）都反映在复杂到"无法解释和分类的衣服"和复杂到让人联想到戴假发和接发的发型设计中。

这些女性形象美极了。这些科莱身上的衣服或珠宝是过度奢侈的。例如，在雅典卫城或赫拉（婚姻女神）的萨米亚圣殿，如果人们想向女神致以最大的敬意，也许需要奉献真正的纺织品，这些纺织品通常被列在希腊神庙献礼清单中。这些女性形象也充满异国情调，精致蓬松的头发和紧贴的长袍似乎归功于埃及的先例和当时的希腊时尚。这种多余的细节不仅凸显了这些女性形象的个性（只有它们穿着这种独特的服装组合），还假定了一种生产性的冗余——这种冗余超出了生活中合理或允许的程度。在地母节（Thesmophoria，已婚妇女的节日）期间，庆祝者需要穿着端庄，将珠宝和最吸引人的衣服留在家中。伯罗奔尼撒（Peloponnese）的铭文（被认为是希腊化时期的）为参与神秘的得墨忒耳祭祀仪式的每个人制定了细致的服装规定，要特别注意装饰和女性装饰品的总货币价值。她们不能戴黄金，不能擦胭脂或白铅，不能绑发带或辫子，也不能穿鞋子，除非那鞋子是用神圣的皮革或毛毡做的。

随葬品科莱，如弗拉西克利亚（图7-1）的雕像，上面雕刻着项链、手镯（每组镶有四颗宝石）、挂有泪珠形吊坠的耳环和王冠，成为随葬品中的佼佼者。与许多科莱雕像相比，它的束腰外衣只是简单的垂褶，但其蜿蜒的设计、玫瑰花结和装饰腰带，以及似乎镶嵌了石头的凉鞋，抵消了一种过于简单的感觉。以上都是雕刻上去的，没有我们在非随葬品科莱上发现的金属附件所需的钻孔（其中一个雅典卫城科莱的青铜手镯完全保存下来）。这里所展现的技术魅力都来自雕塑家帕罗斯（Aristion of Paros），他的名字被记录在现存的基座上。这些装饰器物显然是不可冶炼的资产，也不是埋在坟墓里或藏在贮藏室里的那种珠宝。它们以一种更为发自内心的方式"属于身体"，是身体不可分离的部分。弗拉西克利亚雕像的头饰、项链和耳环由水果和花朵组成，与它左手握着的莲花花蕾相呼应。这种植物的特性，以及它所带来的象征意义，都不如它的绽放重要。

来自雅典卫城或萨摩斯岛（Samos）的科莱拥抱着手中的东西，好像很珍惜它，又好像要交出它（从而使其成为某种个人财产）；与之相比，弗拉西克利亚的花被精致地扣在面前并与它的身体中心对齐，这种方式让它的视线不是对着任何观赏者，而是它自己。人们认为其他人的鸽子、野兔等是为某个特定的女神准备的，而这种花则更加神秘莫测。弗拉西克利亚要用花做什么呢？它可能会闻花（因为器物会刺激嗅觉、视觉和触觉），从而恢复一种内在的感觉，并进一步使自己与众不同。在《奥德赛》中，荷花让人忘记了自己在世界上的位置（荷马，《奥德赛》）。花和弗拉西克利亚的距离是完全合适的，正如铭文所体现的，弗拉西克利亚雕像具有象征意义，与作为一个科莱相比，它更像是一个崇拜对象。尽管她穿着华丽，但不会有婚礼，也不会因为婚姻变得成熟，铭文是这样写的："我接受众神而非婚姻的赐名，将永远被称为'科尔'（kore）。动词"接受"真正的意思是"获得自己的一份"。终身延期是它唯一合法的财产。也许对"接受"更准确的解读是"转换"，以及器物能将人带离自己的方式。弗拉西克利亚是否"脱离这个世界"了呢？如果她的项链是由石榴制成的，那么它可能不再是生活中的弗拉西克利亚，而是得墨忒耳的女儿珀尔塞福涅（Persephone）。根据神话，珀尔塞福涅被哈迪斯绑架为冥界女王，使得她的母亲放弃日常工作，导致人们无法丰收。在她父亲宙斯的坚持下，珀尔塞福涅被释放以恢复地球的生育能力，但在她吃石榴籽之后，她要定期返回冥界（在这里，我们将"味道"添加到我们的感官列表中），因此她一年中有一部分时间在地上度过，另一部分时间在地下度过。[1]除了加强现有的等级制度外，可获取的器物和其他方式不仅可以提高我们的身份，而且[正如禁奢法（sumptuary laws）所理解的那样]能使我们变胖和长高。在弗拉西克利亚的例子中，器物在生死、凡人和神之间的边界上前进。

就像科莱向诸神供奉动物一样，珀尔塞福涅的故事提醒我们，神灵也需要器物。他们不仅仅需要标志、庙宇或宝藏来宣传他们的特殊能力，还需要获取像祭祀时人们所提供给他们的味觉和嗅觉消耗品。

1　这个神话的早期版本是荷马史诗《献给德米特》。——原书注

这显然不是为了验证神在地球上的存在（对比都灵裹尸布上的痕迹元素或《伊利亚特》中波塞冬的脚印），而是为了维持神虚构的身体，使其不仅仅是一种文学构造，从而启发雕塑家制作宙斯和雅典娜的形象。这要么是从人类的角度赋予上帝生理上那种根深蒂固的迫切需求，要么是从基督徒的视角赋予上帝是圣子的那种感官经验知识。

古希腊诸神以花蜜和美味的特殊食品为食[我们认为女神卡利普索（Calypso）也吃这些东西，并向信使神赫尔墨斯（Hermes）提供它们，但她向奥德修斯提供"凡人吃的"食物。《奥德赛》]，他们的血管里有灵液（veins），他们还从祭品中获得至关重要的营养，并会因为普罗米修斯试图欺骗他们把骨头当作肉而愤怒[赫西奥德，《神曲》（Theogony）]。从神学的角度来看，珀尔塞福涅吃石榴籽证明了宇宙秩序及其季节循环依赖于器物共享。

波斯战争（公元前490年至前78年）后的大约50年里，阿提克的雕像墓碑或多或少地消失了，因为它们也屈从于禁奢法。即使在这项立法放松之后，也没有新的科莱或科罗伊产生。从公元前430年开始修建的石碑，其中一些价格昂贵，另一些则较为廉价，它们维护了人们对与身体相关的器物的兴趣，并且对个人的重视超过了对家庭群体的偏好。例如，约公元前375至前50年，在索斯特拉托斯（Sostratos）石碑上，一个年轻人在一个拿着球形瓶的男孩奴隶的陪同下，拿着一个刮身板（纽约大都会艺术博物馆）。公元前5世纪末，黑格索石碑上，一个女人在仆人的陪同下，坐在椅子上，脚放在脚凳上，膝盖上有一个珠宝箱（图7-2）。坐着的人像正在抚弄一条看起来褪了色的彩绘项链。这条褪了色的彩绘项链非但没有装饰过度，反而"恰到好处"，而且它与精致的脚凳一起，取代了拥有

图7-2　黑格索石碑建于公元前400年雅典的克里米科斯。剑桥古典考古学博物馆，第206号。照片：苏珊·特纳

器物所带来的地位（这里的地位通过作为器物的奴隶们来体现），而代之以享受这些器物所带来的悠闲。

　　正如任何球形瓶中盛放的油会让我们想到为尸体涂油以及运动员为比赛做准备一样，这把椅子也让黑格索登上了王位，使她成为一位值得崇拜的神，而她的仆人则成了奉献礼物的"科尔"。从公元前5世纪起，雕刻家们开始试验除了正面表现和直接表述之外的其他策略，以创造平行宇宙和自我意识观看的机会（黑格索石碑上描绘的亲密时刻留给观赏者的是什么？）。于是，更加细微的视觉叙事接踵而至，如对于一个人物作为年轻人、老人，雅典人、非雅典人，男人、女人，以及更具体的，作为运动员、将军、清扫者、被爱者等，通过对其身上和手中器物的刻画来实现对人物身份的刻画。

　　随着我们进入文化多元化的罗马帝国，塑造这些"态度"（attitudes）的情感体验仍然存在。在古典晚期，入侵的威胁与基督教的皈依相结合，从而永远改变了（人与神）身体与器物的关系，这种体验则变得更加紧迫。纵观整个罗马帝国，以及作为其部分的遗迹，我们发现他们更强调对工作的描述以及与之相关的技术和仪式，这使我们能够考察其他"与身体相关的器物"，即手上的工具、肚子里的食物、头上的酒。

(2) 罗马帝国时期

　　如果对珠宝的过度沉迷让我们兴奋，那么我们最好看看叙利亚帕尔米拉（Palmyra）的女性葬礼浮雕，或者法尤姆（Fayum）木乃伊案例中的绘画肖像，这些肖像代表了拜占庭图标中经久不衰的技术。约100年，伊西多拉（Isidora）大师的作品（图7-3）佩戴着

"黄金和翡翠的集合物"、珍珠和黄金耳环、金花环，以及从头后伸出的大金别针，所有这些风格都更倾向于罗马帝国的设计，而不是埃及的。这里有一种高级时尚，它使罗马的科莱受埃及风情的影响较小。自罗马时期幸存下来的大部分材料都比较朴素，效仿阿提克石碑，可以说随身器物是作为特殊功绩的荣誉勋章标志。

在这个多元文化的帝国里，人们声称苹果是女性器物，是欲望或生育的标志；卷轴是男性携带的东西，用来宣传他们的文化程度，又或许是能代表他们公民身份的意象。这些观点使这些器物的结构变得扁平，使它们成为象征。这些器物一旦重新发挥作用，它们在生命戏剧（the drama of life）中的角色就会因为"规则的例外"而变得复杂[例如，在来自埃布拉库姆（Eboracum）的弗拉维亚·奥古斯蒂娜（Flavia Augustina）的罗马－不列颠墓碑上，她和她的丈夫都带着卷轴]，而且一旦与本土服饰相结合（他们没有佩戴托加和穿着斯托拉[1]，而是像他们的两个孩子一样穿着沉重的斗篷）并被以当地的方式看待，它们的影响范围就变得不可预测了。

而公元前5世纪和前4世纪，雅典墓碑上有时也会标明此人的职业，例如，持刀的牧师和持钥匙的女祭司。罗马时期，贸易工具变得更加突出。我们想到了奥古斯丁时期和弗拉维时期在意大利伊夫雷亚（Ivrea）的浮雕，它是由门索（mensor，土地测量师）和塞维尔（sevir，与皇室崇拜有关的小型市政办公室负责人）卢修斯·埃布提乌斯·浮士德（Lucius Aebutius Faustus）为纪念他自己的人生、他的配偶、他的孩子和自由妇女而建立的。这幅浮雕并没有捕捉到

---

1 stola，古罗马妇女的外套。——译者注

图7-3 一名妇女的木乃伊肖像，100年，伊西多拉大师（活跃于100—125年）。
洛杉矶，J.保罗·盖蒂（J.Paul Getty）博物馆，编号81.AP.42。照片：J.保罗·盖
蒂博物馆

他与妻子手牵手参加典型晚宴（晚宴的器物、沙发、桌子、杯子、花环和仆人都是为了彰显奢华的消费和对来世的希望）的场景，而是将一个被拆除的格罗玛（Groma，一种罗马测量仪器）放在了最显眼的位置，上面还有一把小小的贵人凳（curule chair）和一个塞维尔办公室的徽章标志。格罗玛实际上是该浮雕的核心，它不仅仅是一个小工具，而且是与浮士德一体的。人是机器，反之亦然。

所有这些都为我们提供了一个与迄今为止所看到的不同的重点——一个对器物本身的物质属性的迷恋，将技术转化为手工实践，而不是高谈阔论，将理论作为实践。尽管阿提克石柱上的器物颂扬了公民生活所需的文明，但这部分罗马浮雕利用自身的特征为它们的主人提供了另一种化身，有别于建立在出生或字母上的传统精英化身。作为一个自由人，浮士德的实践经验，以及他的石碑发出的希望人们拯救被遗弃的格罗玛并感受其重量的呼唤，抵抗了与他以前的奴隶地位相关联的"去人格化和去社会化"，并在对称中找到了平衡。浮士德或像他一样的石匠，都能运用技巧描绘自己。这也难怪在那个时期的意大利坟墓中能发现算盘和类似的装置。

我们需要注意一下，有些罗马浮雕上展现出了实际的体力劳动的场景。例如，在奥斯蒂亚的圣地岛（Isola Sacra）等公墓中，一些浮雕呈现了男人和女人为了生存而工作的场景，这里强调的不是主人公的身体、肌肉组织、性别或姿势，而是制作、销售、服务的行为，有时与仪器"静物"（still lives）并列。劳动被美化了，这是"允许器物的力量渗透到社会政治领域"的东西。因此，格罗玛"超越了它的物质性"，成为一种欲望的载体，就像今天的"消费对象"

一样。格罗玛赋予浮士德超凡魅力，同时也预示着结局：它支离破碎地躺在那里，诉说着每个人——所有东西——的生命。

浮士德雕像上有一个塞维尔办公室徽章标志，这些符号通常出现在共和政体硬币的背面，并与帝国的形象紧密地结合在一起。屋大维（Octavian）的纪念物上刻有元老院授予他的养父恺撒大帝的贵人凳，这些符号长期以来一直是罗马公共地位和政治职位的简称。尽管这些符号进行过形象化修改，在元首制下，这些符号的涵盖范围从支持执政官、裁判官、审查员和行政官扩展到支持皇帝和自由民，但它们仍然"服从于现有的制度"。这些符号提醒我们不仅要注意消费品的存在，还要注意品牌的存在。[1]

（3）古代晚期

1世纪，皇帝的魅力更多地体现在他的身体以及身体的风格和姿势上，而不是体现在他的随身器物上。正如奥古斯都的身体——他背对的姿势、年轻的样貌、赤裸的脚和强烈的目光，使他的雕像给人留下深刻的印象，并为后人树立了典范（例如，图5-3，《普里马·波尔塔奥的古斯都》雕像）。他的身体是古典传记作家苏埃托尼乌斯（Suetonius）好奇的来源（他比古希腊的前辈更关注详细的物质描述）。罗马是一个比雅典更喜欢反映和维持其人民的等级制度和生活层次划分的城市，这不仅体现在衣服上，还体现在其他器物上（不仅体现在男孩的斗篷和女孩的新月形吊坠上，还体现在谁可以佩戴黄金而不是铁戒指的复杂规则上）。罗马皇帝是将军、牧师、父

1　例如，"赭色黏土陶器"往往印有制造商的名字。——原书注

亲、上帝，可能需要配备长矛、圆盘饰或权杖。

3世纪，罗马帝国被划分为四个小帝国，每个帝国都有自己的领袖，左右摇摆的情况使器物比留西帕斯比例（Polyclitan proportions，是指留西帕斯总结的人物比例标准，留西帕斯是公元前4世纪服务于亚历山大大帝宫廷的雕塑家）更重要。在一个四分五裂的帝国中，信息却是统一的，这些帝国的领袖是可以互换的对象，而不是相互竞争的征服者。因此，在威尼斯和梵蒂冈的斑岩雕像，科莱的称呼和模式被再次使用，人们把注意力从它们矮胖的身材转移到它们的剑柄和携带的球状物上。帝国领袖和后来的统治者划分了不同的首都，并将军事行动和管理权委托给其他人，他们之间的距离变得越来越远。为了应对不断出现的解体和入侵威胁，他们将人性藏在珠宝、长袍、王冠和奢华的随从配置之中。东部造币厂铸造的硬币背面显示了共同统治者瓦伦提尼安一世（Valentinian I，在位时间为364—375）和瓦伦斯（Valens，在位时间为364—378）的登基。他们挥舞着领事的布料（consular cloths），手持权杖。与领事不同的是，他们还有光环。

古代晚期拜占庭的皇帝和皇后用器物把自己重重包围起来。作为皇室职位的特定标志，这些器物包括三枚吊坠胸针和带有悬挂珍珠的重宝石王冠。珠宝通常比古希腊时期以来的珠宝更华丽，许多男性选择将硬币和徽章融入项链和手镯中，或佩戴刻有统治者姓名的大十字弓来表示讨好和宣传效忠。

统治者并不是唯一以裸体姿态出现的人：在罗马的地下墓穴和其他地方，基督是裸体的。基督教虽然还处于萌芽状态，但已经获得了帝国的支持。基督教最初的模糊性并没有阻止特图良撰写厌恶女性的

《论女性时尚》（*De cultu feminarum*）。这是一个小册子（两卷），强化了对奢华的织物、华丽的发型、染色的头发和衣服，以及化妆的批评（这种批评从共和国时期就开始了），质疑有一定社会地位的人的财富要求是否符合基督徒身份。随着时间的推移，一些基督徒退出了公民生活，拒绝世俗的商品和与之相关的社会义务。"如果我们真的渴望得到天堂的装饰，就让我们扔掉这个世界的装饰吧。"（《论女性时尚》）

堕落使男人和女人前所未有地意识到自己的身体，以及性别差异。其结果不仅是对性、裸体和装饰的态度的修正，而且是对音乐、食物等的态度的修正，用精神崇拜和"除去世人罪孽的上帝的羔羊"取代了几个世纪以来作为古希腊罗马和犹太宗教仪式主流的动物祭祀，更不用说倒酒和其他祭品了。同时，基督的身体和血液的中心地位，以及它在面包和葡萄酒中的重新呈现，使美食分享的社会性，以及长期以来刻在异教徒葬礼艺术中的宴会末世论含义有了新的范围。在拉文纳（Ravenna）圣维塔莱（San Vitale）教堂的天顶马赛克中，代表查士丁尼和西奥多拉（Theodora）的不是球体、权杖或地图，而是金面包篮和圣体圣杯（Eucharistic chalice）。

一些基督教团体完全不喝酒也不吃肉，甚至拒绝喝圣餐酒，转而吃面包、水和蜂蜜等其他食品。有些人则主张禁食，尤其是为了控制性欲。两者都试图将基督教与异教文化分开。尽管古希腊罗马的一些哲学流派主张不吃某些食物，例如毕达哥拉斯人不吃豆类，但仪式性禁食并未列入议程。随着帝国的长途贸易频繁中断，粮食短缺也变得更加普遍。但葡萄酒仍然是人们的共同爱好，就像后来来自新大陆的烟草、咖啡、茶、可可和糖一样，葡萄酒将文明联系在一起。

文明的饮酒者把他们的酒勾兑得浓度较低。在定义这些饮酒者时，我们经常回到古希腊，回到精英男性讨论会，回到现存的饮酒器皿、水罐和混合壶所暗示的"编排"（choreography）[1]，其中许多都装饰有人们自我反思的图像。这些图像激发了想象力，规定了规范，并管理了期望。

但我们也可以看看意大利的小酒馆，那里有粗俗的涂鸦和绘画（例如，庞贝城的萨尔维乌斯旅馆，照片中两个男人互相争夺酒，只是因为酒吧女招待把葡萄酒给错了人）。葡萄酒是所有社会阶层的日常饮品，从4世纪开始一直如此。在罗马，除了在君士坦丁堡，葡萄酒一直是救济金的一部分。

葡萄酒的物质效应，以及监管这些效应的需要，使它成为一个很好的平衡器。酒神狄俄尼索斯（Dionysus）是狂喜和狂热之神，他激发了其崇拜者的狂热——不仅仅是一种状态的改变，而且是一种自我的丧失，至少在神话中，被迷惑的母亲会谋杀自己的儿子。葡萄酒比大多数器物具有更大的力量，或者至少是身体更难处理的力量，这种力量改变了身体的物理性质，加热了身体的核心，麻痹了身体的四肢，削弱了对客体/主体关系及其社会性所依赖的认知。使用它意味着要正确地使用它。[2]出生于2世纪末的埃利安（Aelian）指出，古希腊法典在传统上被认为是扎琉库斯在罗克里人中的立法

1　此处指内容设计。——译者注

2　例如，参见公元前4世纪的雅典医生姆内西修斯的描述，葡萄酒"会给正确使用葡萄酒的人最大的祝福，对不受管制使用葡萄酒的人则相反"。——原书注

活动的一部分，它提出了如何阻止任何人在非医疗目的前提下饮用未混合的葡萄酒。未稀释的酒可用作治疗剂，那时，人在社会中的角色受到疾病的限制。

我们不仅通过观察不同的时间段，还通过观察不同种类的器物（苹果、工具、束棒、衣服、酒）和不同种类的主体（精英和非精英、男人、女人、统治者和神）来打磨我们对"关于身体的器物"这一说法的理解。将历史变化置于区域变化之上（例如，在罗马帝国时期，指甲清洁器几乎是不列颠岛唯一使用的厕所工具），我们遇到了"关于身体的器物"发展的连续性和非连续性，希望它们能够使我们将考古数据与阿尔弗雷德·盖尔绘制的机构指数联系起来，并使其具体化。基于健康和疾病之间的区别，接下来的章节是关于生与死的分离。用德裔美国作家查尔斯·布可夫斯基（Charles Bukowski）的话说，"我想死者不需要阿司匹林或悲伤。但他们可能需要雨水。他们不需要鞋子，而是一个可以散步的地方"。虽然他们既不是活着时的样子，也不在乎我们怎么想，但他们"可能相互需要"。[1]

与器物一起生活，与器物一起死亡

超越表象，大量流传下来的与身体有关的器物——武器、别针、化妆品容器、镜子、梳子、玩具、手链、项链、手镯、杯子、刀子、勺子和手术刀——都不是日常使用的，而是在坟墓中发现的。由于重量、味道、质地和光泽的区别，使用银勺的体验与使用铜勺的不同，用更多感官上的体验可以补充其经济价值的不足，虽然死者对

1　来自《出租屋牧歌》（*Roominghouse Madrigals*）中的诗"一切"。——原书注

肉体上的快乐是免疫的。下面看一则古希腊罗马墓碑上的铭文:

石碑和我的塞壬(Sirens),还有装着哈迪斯骨灰的哀伤的骨灰盒,对那些经过我坟墓的人,不管是市民还是来自其他城市的人,说"再见";这个坟墓安息着我,一个新娘子。我父亲叫我鲍西斯(Baucis),我的家族来自特诺斯(Tenos)。这样其他人就会知道,我的朋友艾琳娜在我的墓碑上刻了这些字。(《希腊文选》)

死者通过"说话的器物",即文本和它所暗示的坟墓,以及借用读者的声音,被赋予了生命。如果这里有起作用的事物,那这个事物属于诗人,也属于坟墓,我们被告知它"保存着"鲍西斯。在其他地方,公元前4世纪的诗人厄里娜(Erinna),有一则墓志铭属于她(也许是错误的),其中说到其诗歌的"空回声"穿透了哈迪斯,"死者的沉默"和"黑暗"使冥府里的人"闭上了眼睛"。冥府里的人既看不见她,也听不见她。如果有什么安慰的话,那就是死亡对死者来说可能不是坏事,因为要实现死亡这件事,他们必须作为经验的主体而存在。

不用说,这严重低估了古希腊人和古罗马人对死亡态度的复杂性。但它所强调的是任何留在冥府的"生命"与埃及"来世"的"生命"之间的区别(无论这一点多么简单,我们也需要在这里强调一下),尽管随着时间的推移,以生存和死亡为导向的墓葬器物(如罐头瓶、死者书籍)发生了变化。但用沙子保存尸体外观的趋势,早已提高了在死亡中体现自我的可能性,以及实现持续的个人轨迹的可能性,这是依赖于身体的持续存在来体现自我身份的一种方式。公元前1世纪,古希腊历史学家狄奥多罗斯写道,他对"连眼睑和眉毛上的毛发都还在"的保存方式感到震惊。与防腐木乃伊的人形棺材、面具和纸盒相比，石棺从2世纪开始流行于整个罗马帝国。与伊特鲁里亚早期产品一样，石棺以不同的方式模仿身体，以一种模糊的方式保护死者不被看到。

温暖的赤土或冰冷的凿刻大理石标志着身体的完整性，但是石棺里面最终可能什么都没有。在极端的情况下，一些罗马石棺只装入了骨灰，有些石棺则装入一具以上的尸体。随着时间的推移，在不断循环的历史中，死者与石棺的神话、传记或更抽象的装饰之间的联系可能会被破坏。在伊特鲁里亚，这样的棺材和骨灰盒被放置在设计成类似于活人住宅的坟墓中，并配有家具，其中一些坟墓[例如公元前7世纪至前2世纪在切尔维泰里（Cerveteri）建造的那些坟墓]位于有正规街道的大墓地。在那里，我们也许更接近古埃及人而不是古希腊人对来世的看法。在公元前6世纪后半期和公元前5世纪的伊特鲁里亚人的所有墓葬中，有一半以上发现了彩陶。当然，彩陶和其他伊特鲁里亚人的墓葬用品似乎是"为死者准备的"，其内涵比《伊利亚特》中阿喀琉斯要求为死去的帕特洛克罗斯提供"一个死人在走向阴暗的黑暗时应该拥有的一切"的意思更深刻。阿喀琉斯认为"这样，不间断的火就可以在我们眼前迅速烧死帕特洛克罗"（《伊利亚特》）。当然，这些紧急处理是为了阿喀琉斯和军队的利益。

无论是被扔到火堆上还是埋在地下，墓葬器物不仅只在葬礼上使用，而且也是为生者服务的。仅仅是可能被作为礼物送出的事实就能说明墓葬器物也为生者服务，而且死者仍然是他生前所属的社会群体的一部分。这样，记忆就不会褪色，他或她的身份不断得到表达（随着希腊城邦的出现，墓葬器物总是比财富指数更重要，尤其是当财富的展示从坟墓转移到圣所时）。但这种身份表达的本质取决于神学和实践等一系列因素，包括尸体是被埋葬（以及装在棺材里、坑里等）还是被火化，这些做法的流行程度时高时低，但事实证明墓葬器物的变化（比起财富和随之而来的服饰或饮食的变化）很难与哲学或政治的变化相联系。正如伊恩·莫里斯所观察到的："（公元前6世纪末维奥蒂亚伦特纳的49号墓）被埋葬的人……与塞满在棺材顶部的420个罐子有什么关系？"[1]

并不是所有的陪葬品都像这些东西一样沉重地压在死者身上。例如，最近在伯罗奔尼撒半岛的皮洛斯发现了迈锡尼（Mycenaean）人的"狮鹫战士墓"[2]，在尸体的左侧放置了武器，右侧的密室中放置了金戒指和大部分印章石。

这些东西的位置似乎很重要。尽管"狮鹫战士墓"陪葬品图像上具体的内容仍然是个谜，但是其中许多图案都来自米诺斯克里特岛（Minoan Crete）。这似乎意味着，与几个世纪后伊特鲁里亚陵墓中的阿提克容器不同，这些戒指起到了证明文化与人接触会产生力量的作用，这种力量即使在停止流通时也会被放大和净化。如果真是这样的话，停止流通既不会让人们认为外国文化是静态的，也不会将戒指置于冻结之中；停止流通将戒指变成了边界标记，以不同的方式划定身体的范围。虽然它不能说话，但它不是沉默的。它们带着创造它们的背景的一些东西，确保战士的物质性，而物质性是我们理解自己的核心所在。

1　墓葬器物表达死者身份的例子。——译者注

2　可追溯至约公元前1500年。之所以称为"狮鹫战士墓"，是因为在那里发现了一块装饰着神秘野兽的象牙牌匾。——原书注

竖穴墓中的珠宝和镜子通常与女性有关（尽管我们可以提问需要存放多少珠宝和镜子，或与什么东西一起存放，才能证实这一点）。性别和墓葬器物并不容易联系在一起。当我们穿过古希腊世界，进入古罗马世界时，我们一次又一次地发现，那些看起来像模板的东西（例如，男人带着武器或手镯，女人带着镜子、珠宝或发卡）被打破了。这些情况在一定程度上证明了规则，但"中性"坟墓呢？其中一些坟墓（例如科林斯北侧墓地的古风和古典时期墓葬）"否认"甚至"压制"人死亡时的性别。这里存在的部分问题是，当时的性别二元论模型并不比今天的更令人满意，而性别只是社会身份集合中的一个元素。另一个问题是，假设这些身份映射到个人的生活身份上，但生活中的身份如何与任何可能在死亡中被赋予的理想身份相交，或者通过生者和死者之间的"长期合作"来理解死亡不是一个结束，而是一个作为松开和维持约束关系的过程？我们只需想一想儿童的葬礼，那里的墓葬器物可能异常奢侈，包括绞刑架、剃刀、箭头和化妆品，这不是在说生活，而是在说挥霍的潜力。古典时期雅典的婴儿墓葬中很少出现莱克托伊（一种古老的希腊陶器风格），这是因为在一些人看来，他们认为婴儿的身体受到的污染比成年人的身体要少。[1]但他们有多大把握区分这种器物与更有个人意义的器物？

暂时回到镜子上，特别是在公元前530年前后到公元前3世纪伊特鲁里亚的墓葬中发现的手持铜镜，我们会发现，尽管女性和镜子之间有很强的联系，许多镜子的背面都刻有女性化妆的场景，但有些镜子（图7-4）的背面将男性身体置于中心位置。在古典晚期／希

1　婴儿的身体受污染少就不用摆放陪葬品莱克托伊。——译者注

腊化时期的塔尔奎尼亚（Tarquinia），少数男人下葬时会带着镜子，而许多女人则没有镜子。

这就提出了一个问题："这是什么样的尸体？"其疑问可能与死者在生活中的角色有关，因为"这是什么样的尸体"是根据性别、自我认识和性欲来衡量的，而不是根据他或她作为死者的代表的奇怪本体论。[1]镜子玻璃般的表面代表的既可以是自我增强（镜面观照），也可以是缺席和死亡。

承认身体的能力

本章对"与身体相关的器物"范畴采取了一种刻意深奥的方法，研究了器物如何将人体从生物转变为适应社会文化的成员，以及人们如何赋予器物以生命，如何利用器物并应对它们潜在的危害。这里的"与身体相关的器物"，包括了从假发到酒，从种子到石棺的所有东西，说明器物是地位的标志、调解人、促进者，以及快乐、保护和赖以生存的养料的提供者，还有身体感觉的证明。

即使是早期的基督徒，他们也希望从器物而不是上帝那里得到新的东西，就算他们中的一些人拒绝财产和食品的舒适性，而选择苦行僧式的生活，但他们也不会拒绝葡萄酒。有些器物产生了更大的影响。这种影响一直延续到坟墓中。墓穴中的陪葬品没有让像"狮鹫战士"（如果一个战士是他现在或过去的样子）这样的人表现得像他自己一样，而是允许他离开这个世界，不表现他的阳刚之气，

1　"这是什么样的尸体"不是根据本体论来衡量的，这个本体论指尸体是死者的代表。——译者注

图7-4 铜镜的素描，被确认为是公元前3世纪梅勒格和阿塔兰特（Atalante）在奥涅乌斯（Oineus）住宅中的场景。照片：格哈德，1843—1897年，第356版。剑桥古典考古学博物馆

也不证明他的自我，就像这些陪葬品在生活中所做的那样，表现了他的逝去或离开，并界定了一种新的物质性，即他不会化为乌有。

我要从开始讲述的部分——拿着石榴、苹果或其他圆形器物，就好像把它提供给观赏者一样——来结束本章。这些是与身体相关的器物。1世纪至2世纪，整个帝国流行金属或骨头发夹，其中大多数拿着发夹的右手[1]，其拇指和食指之间有一个球形器物。尽管其他类型的器物，尤其是还愿物（votives），也有这种形式，但这些发夹特别适合我们的论证：无论这种形式在其他背景下的重要性如何，当它出现在身体上时，就获得了特殊的反思性。

研究一个大的还愿物和研究一个小的别针，在确认器物的身份方面同样重要，因为这两个器物都和身体接触了。

最关键的是要强调触感和手的灵巧性，例如西塞罗的描述：

大自然赋予人类双手，而这双手在许多艺术领域是多么聪明的仆人啊！关节的灵活性使手指能够轻松地开合，并毫无困难地完成每一个动作。因此，通过手指，人们可以绘画、建模、雕刻、演奏琴和笛子。除了可以自娱自乐，双手还可以做一些实用的事情，比如从事农业和建筑，编织和缝制衣服，以及研究所有加工铜和铁的方法。由此可见，正是通过运用工匠的实践去引发思考和感受体验，我们才获得了一切。

——西塞罗，《论诸神的本质》

这里进一步说明了为什么手被赋予特权，就像器物通过让人们

---

1 与弗拉西克利亚不同，弗拉西克利亚左手拿着鲜花；而此处是右手，可能是因为人们认为右手更幸运。——原书注

意识到自己的身体能力，"造就"了男人和女人一样[1]。我希望通过挖掘这种"认识"发生的方式，得到器物的文化历史，而不是器物的传记。

1　器物让人类意识到了自己的身体能力，从而进步发展。——译者注

第八章

器物世界

安·库特纳

器物、物体、人工制品是由人类制造的物质实体。制作过程可以简单而又深刻，从而赋予一个骨制、木制或石制的器物以身份。在英语中，"人工制品"是一个值得思考的好词，因为它蕴含着技巧和制造的回响。制作，即形成的过程和作为设计和制造下的产物的物质轨迹状态。所有的手工艺品都是工具，因为所有的器物都有其用途，它们都有可能被有计划地使用。从最早的旧石器时代开始，在人类的生产过程中就可以观察到创造者对图案的渴望，比如史前克洛维斯矛头（Clovis point）上优雅的没有规律的破损图案。这些图案的创造所带来的在认知和感觉上的向往和满足，说明那些器物一部分功能，即可视性，是需要被观察的。如果"艺术"作为一个范畴有任何适用性，那么作为一个审美的领域，它的范围包括一个标准的打磨和抛光出色的纺锤螺纹、希腊罗马柱规则的凹槽，和带来满足感的独特的罗马拉奥孔。

器物是能动的，这是一种富有成效的拟人性启发：它们在人造物领域中共同创造了其他器物及其制造者、用户和观赏者，客体可以说和主体互换了位置。

"器物想要什么？"也是我们要探讨的问题。我们对凝视和触摸、思想和情感、古代生存方式以及古代创造者及其世界的形成进行了考古学研究。在这里，器物的本质和历史叙述的本质通过马拉弗里斯（Malafouris）对器物的生成性表述（generative formulation）而相互阐明。

那么，本书中的古代世界有什么独特之处？通过考虑这个"特别"范畴[1]，我们能收获什么？本书着眼于古希腊罗马，但必须牢记，古希腊罗马地中海地区存在着多种民族和他们的器物传统，在共存、贸易、战争和殖民化的环境中，影响着古希腊罗马的实践，并从中攫取所需。

本书涉猎了一些熟悉的、适用于人类普遍习惯和潜能的理论。在古典时期，制作的事实和景象，以及在制作和使用中体现的专业知识的价值，比我们所在的现代社会中许多情况更引人注目。与现在的西方世界相比，那时候的东西更多是直接手工制作的。然而，有些器物确实是在模塑、铸造、冲压的过程中使用另一件器物制作的，例如印章上的小浮雕，模塑的罐子及石膏雕像。富有技巧的工匠可以奇迹般地手工复制相同形状的器物，这在那个机器触及不到的世界中产生了一种特别的吸引力，早期古雅典[2]的巨型罐上的精美

---

1 即古代世界。——译者注

2 古雅典是一个时间段，这里指的是早期的古雅典时期。——译者注

抽象绘画，和制作精良的古希腊罗马马赛克地板的卷轴及几何图形都表现了这点。复制本身就是一种表达，一致性和差异性在不同程度和比例上都得到了体现。古希腊罗马传统就是其中的典型，在雕塑和绘画方面，通过各种形式的模仿来复制"原创"，以便不止一个群体可以接受它；但不同城市或房子会通过其布置赋予自身特征，这点也适用于其他艺术品。在特定社会阶层，拥有"相同"器物的社会性是古典时期社会的一个状态，从普遍的到特殊的，就像任何已知的文化一样。一种潜在的非常特殊的行为，例如祈祷，在工艺品中表现为祈祷的雕像，成千上万的雕像流传下来，因为它们是由耐久烧制的黏土制成的。人们可以很清楚地知道，自己购买的是一堆大规模生产的陶器（terracottas）中的一个，这些陶器是为祭祀而制作的，涵盖了古希腊罗马一千多年的宗教实践。对购买者或崇拜者来说，这种同一性使器物更加特别，同舟共济的重要性可以通过获得和给予相同的器物得到肯定。

器物的特殊性是一个关于两个领域的问题：一是器物本身的物理特征，二是器物作为一个被使用、被思考、被感受、被记忆、被遗忘、被抛弃的对象在空间和时间中的身份。在这方面，理解作为个体的人的问题——所有的历史和社会科学都需要用到它——与理解作为个体的器物的问题是相互交叉的，这些问题带来了复杂的"身份"问题。这个交叉的特殊部分也是所有者和/或用户的部分，并拥有它自己的记忆：手的技巧可以是指一个人挥舞的东西与他的身体掌握的东西相呼应，在行动时不需要有意识的思考。然而，一个不熟悉的工具可能会让人感觉"脱离"。两种表面看起来一样的东西，如锤子、长矛、平底锅、梭子、胸针、披风，对于举起或使用它们的人来说，感觉可能会不同，如果可以，用户会根据自己的喜好进行选择（仿古的现代"静物"艺术往往说明了这种状况）。本书第二章通过对罗马世界的祭物和陪葬浮雕所运用的工具和技术元素进行叙述，阐述了所谓标准器物的个性化。例如，引人入胜的罗马"器物艺术"将仪式服装和器具（图8-1）排列在一起，这些器物将由一个或多个聚集在礼仪场合的人持有或穿着，从而构建了对事件的叙述，因为叙述是由带有器物的身体所构成的。

这种使用和（或）占有甚至可以使一个普通的东西变得特别，尤其是对那些拥有或使用它的人来说，通过对记忆的操作来实现这一点。关于古希腊罗马世界记忆运作（operation of memory）的大量文献绝大多数都关注城市景观、地标和纪念碑在大型集会场所、公民或宗教场所，以及罗马国内艺术中的代表性或其他性质。这种调查也应该涉及那些日常器物，以及探讨关于器物作为传家宝、纪念

图8-1　在罗马奥古斯都奥克塔维亚门廊附近发现的大理石楣板（公元1世纪后期），现在藏于新宫（Palazzo Nuovo），卡比托利诺博物馆，碎片100（604）和104（608），长 2.12米和2.47米，高59米。月神大理石雕至少7块碎片中的2块描绘了宗教表演所需的器物，如图所示，还有战船元素

品、朝圣的象征对人们记忆的操作。

非纪念性和一般世界中的一些艺术和手工艺品流派也很容易引发有关记忆操作的话题，例如保存和观看那些因血缘或感情而认识的人的肖像（portraits）、个人传家宝——如韦帕芗皇帝用于庄严和仪式场合的银杯，它属于抚养他的慈爱的祖母 [苏埃托尼乌斯，《韦帕芗的生活2》（*Life of Vespasian 2*）]——或在考古背景下辨别它们（如韦帕芗的杯子不太可能被识别）。记忆涉及从损坏的状态中抢救出来并修复的事物，以及已知或认为被某个重要的人的身体使用或触摸过的器物，比如"遗物"。记忆和它的伙伴——情感共同构成了所谓的纪念品，纪念品是一个人世俗或神圣旅行的象征。此外，在询问如何处理器物时，我们必须记住，拥有和使用是两件不同的事情。古希腊罗马妇女可能对她在家里工作时使用的东西没有所有权，奴隶对强加于他或她的事物也没有所有权。拥有油井的人可能一辈子都没有接触过它。一个成年男子可能直到进入坟墓都未接触过他家里的女主人的织机，尽管它们从他婴儿时期开始就在家中不断摇摆。一个男奴隶可能永远不会碰女主人的珠宝。女主人和女仆可能永远不会拿剑，也不会触碰男性宴会的一些器具。

古希腊罗马文化中重要的礼物经济，无论是正式的还是非正式的，都是关于记忆的交易。从荷马开始，它们在一系列文学作品中以尖锐和辛辣的方式被宣扬（见本卷第一章）。送礼人希望接受者不断地了解器物的来源，并希望礼物的质量和送礼人的身份赋予器物特殊性。送礼者可能会记住在他们手上留下的字面上或象征性的东西。[1] "谁因为什么给谁什么东西"在社区向个人赠送的数千份公共礼物、圣所和城市景观的纪念物上都有明确的表述。圣所和城市景观的石质底座上保存着铭文，旨在让世世代代的人们记住这一礼物，并将受表彰者铭记于心。在这些日益拥挤的雕像景观中，精湛的工艺、位置和铭文都确保了一位裸体运动员、身披重衣[2]的女祭司、穿制服的治安官员或戴胸甲的皇帝能够保持其特殊性。死亡之物，如从刮尸刀（body scraper）到项链再到埋葬的石棺等各种灵异的墓葬用品组合，也会产生大量流传至今的东西。比如死者的地上标记物，也可以用来纪念死者或生者。许多古希腊罗马宗教有各自的祈愿仪式特征，这种特征产生了大量的器物，这也是一种礼物经济，依靠神对所给予的东西赋予记忆。

对器物的思考

公元前8世纪，古希腊进入有文献记载的历史，书写就伴随着一些重要的器物出现，就像更先进的邻国（古埃及和中东）文化一样。在几何图形和古代的圣殿烛台上，在青铜和石头上，从小到大，包括在生物上，文字命名了献礼者，或者是神圣的接受者。文字常常以诗意、韵律的形式，通过言语技巧来表达对器物的尊敬。随着公共雕塑展品的铭文转移到它们的支撑物上（尽管非代表性文物上的铭文依然存在），诗歌可能由赞助人、合伙人或雇用的诗人创作。到公元前5世纪，任何刻在器物、艺术品上或用于祈祷的铭文都被

---

1 就是送礼者不会记住礼物的本身，而会记住它象征的含义。——译者注

2 原文 heavily draped priestess，穿的很多的意思。——译者注

称为写在某物上的文字，即警句（epigramma）。最迟到公元前1世纪，警句这个词在拉丁语中也开始使用，用于器物和纪念碑铭文，也用于短诗。这些人工制品的文本可以像任何令人钦佩的诗歌一样通过口头和（或）书面传播。这催生了一系列诗人或严肃或俏皮的警句，它们没有依附于某件事，而是讨论人们所见和想象的、真实的和虚构的器物，即持久或短暂的公共器物、誓言、财产和礼物。公元前3世纪早期，人们创作并收集从未出现过实物的警句，这种做法一直延续到古典晚期，这些创作和收集的作品在中世纪和拜占庭时期被阅读。近几十年来它们吸引了一些庞大的学术团体，他们对古希腊罗马文本和图像的关系着迷。

在这样的诗歌中，器物、人物和交易变成了值得思考、值得感受的东西。它们像许多实际的碑文一样，规劝读者或观赏者去思考和感受。在与高雅诗歌和公共展览的互动中，我们已经对《荷马史诗》进行了有趣的引用，即使是如伊斯基亚的"内斯特杯"那种古典的平庸器物。到了公元前3世纪，作家和编辑对主题（如礼物、绘画或葬礼纪念碑）进行排序，汇编成了一个器物的集合，就好像书籍是一个充满可供观看的器物的空间。该项目的基础是佩拉的马其顿诗人波塞迪普斯（Poseidippos）为早期托勒密、希腊化埃及的新统治者及其朝臣进行的写作。他不仅对纪念碑和颂词做出了实际贡献，还收集了关于真实和虚构器物的警句，对希腊化时期第一代精英们的"收藏"做出了独特的回应。

在埃及发现的公元前3世纪至前2世纪的波塞迪普斯的纸莎草书卷中，有112首诗，它们似乎是诗人按照自己设定的主题进行排序的，器物、纪念碑和图像在这些类别中反复出现。一家"杰作画廊"从希腊世界各地订购著名艺术家的雕像真品，人们在真正的皇家收藏中找到了相关内容。对于官员和朝臣来说，国王收集了许多杰作——雕像和绘画，还有戏剧性的舞台、动物皮、带有政治意象的挂毯斗篷，以及大量令人惊讶的贵重金属宴会用具。

波塞迪普斯对宝石和石头器物进行了庄严又诙谐的描述：包括从帝王杯（regal cups）到宝石首饰，再到香水容器，从波斯的奖杯到非凡的巨石，再到男女用品，以及采购品和礼物，无论真实与否，有名字及匿名的工匠都因其技术而受到赞扬；有名或无名的用户、所有者和捐赠者看到所描述的器物的样子，就像那些被宝石手镯、戒指、耳环、项链增强了光环的妇女一样。

这些作品甚至还描绘了一些特定的人物，如波斯的大流士王（King Darius）。即使是像戒指或耳环这样的普通器物，名字和描述都可以将器物具体化。诗人说"看看这个"，因为他被唤醒了看到具有特定价值的器物的欲望。波塞迪普斯的《利蒂卡》（lithika）是一幅著名的帝国主义地图，从中可以看到通过新的贸易和征服，宝石世界延伸到印度和红海。托勒密的奢华体现了权力和文化，对非王室人士来说也是如此。这也是一次旅行，进出贵族的宴会厅，进入情人的卧室，在那里拥有一件器物是一种自我放大和自我描述，使用和佩戴器物是对他人的表演。许多器物是用于操作的，有时在描述的那一刻就被触摸。器物是关于情感的交易，即从对物质的光和颜色感到简单的愉悦到满足的奢华感，从品位技巧和有趣的器物到对哲学和科学的思考，从欲望到虔诚。

这些不是穷人想要的，但亚历山大港及其他地方的精英阶层成了波塞迪普斯的潜在观赏者，他们至少买得起一对精美的耳环或印石。有些可能是真实的器物。显然，波塞迪普斯估计他的听众已经对所拥有的东西进行了思考和感受，并通过这些东西对文物景观进行了调查。要想读懂他的作品，就要明白人类与世界的接触是由自然物质塑造而成的，而手工艺是人类的基本实践。任何一个器物的警句都会触发视觉和触觉想象，它们通过积累成为一个集合，以便读者通过相似性和多样性将器物联系起来。波塞迪普斯的警句长卷提供了写作、阅读、听觉、视觉和触觉的原始阶段，在时间和空间上回响。1世纪，罗马诗人马修（Martial）的作品有着显著的影响力。事物诗（Thing-poems），从奉承到讽刺，充斥着他的警句语料库，尤其是那些讨论社会关系时关于礼物的诗。这里值得一提的是第14册书《阿波霍雷塔》（*Apophoreta*），里面描述的每一件东西都有一个标签，在每年的农神节（Saturnalia）上作为礼物被人们送出或从盛宴上拿走。从传统意义上来说，那是一个给亲戚、朋友、客户和赞助人大大小小礼物的时代。

从农民到多米提安皇帝，马修的事物诗在价值和使用的纵轴上贯穿了罗马社会经济的方方面面。它们在城市景观和乡村中移动，当读者将其阅读的内容对照到日常生活的地方时，它们通常被拼写为——麦田或厨房、论坛或街道、卧室或餐厅、简陋的住宅或宫殿。丰富的纺织品和服装也涉及多种场合，从实用到礼仪再到色情。马修创造了一个隐含的任务场景（task-scape），从羊毛隐含的编织室，到杯子隐含的餐厅，事物即代表了地位。任何一个类别（它们主要按类别分组）都包含了昂贵和廉价的材料，这引发了对"价值"的价值的反思[1]，这是一个经典的罗马讽刺策略（satirical gambit）。这种讽刺策略还强调了器物在材料、工艺和用途方面的优点。这套理论嵌入了资本主义经济中，虽然它的框架是一种不必总是寻求回报的礼物经济，但是任何东西的存在都是出于一种明智的理由。欲望和需求是平衡的。积累变成了组合，甚至对于审美化的器物来说变成了收藏。

这些诗歌戏谑而严肃地指出，将器物如诗歌一样有序地排列成有意义的星座（constellations），可以定义那些拥有工具的人，他们可以与他人生活，也可以自己生活。这些材料来自马修口中繁荣的罗马帝国及其各个角落，反映了罗马帝国贪婪的经济和政治霸权。罗马帝国是一个巨大的原材料和成品流通的世界。类似的动力在强烈的地方主义影响下催生了共同的视觉物质文化，这也成为古希腊罗马时代以前世界的特征。罗马帝国崛起了，孕育了当地的器物世界和原始的全球器物世界。这些诗体现了这一点，并有一些特别的倾向：使用昂贵的（北非）香橼木书写板，普通的书写纸莎草纸（11[2]，来自埃及）则是同类中的好东西；特定的知识以有趣的方式被吸引，就像来自罗马帝国其他省份的不同种类的雨衣，甚至一个精美的英式篮子。

这些文物涵盖了本卷的大部分类别：一根木头或鹅毛笔（22）和一个穿丝绸的女孩的金钗（"金钗"："为了避免潮湿的头发伤害明亮的丝绸，让发夹固定并托住弯曲的头发"）只有一点差别；精英

1　就是思考"价值"的价值。——译者注
2　括号中的数字是前文提到的 112 首诗的序号。——编者注

男性在狩猎和战争活动（31—33）中使用的猎枪、剑、腰带和匕首，之后是农民的镰刀、短柄斧，然后是理发师的工具（34—36）；一个井井有条的家用组合已经失去了秩序，紧身胸衣、沙发、建筑师的量尺、儿童玩具、皇帝本人的金色胜利雕塑，以及一个小号的（便宜的）大力神兵俑，罗马著名诗人的书籍，还有小狗和猎马，炊具和捕鸟用的杆子。在第85—121组诗歌中，马修对文化的内容、规范和实用性有着深刻的了解，描绘的餐厅，从沙发到银勺应有尽有。并排排列的是最昂贵的杯子，由黄金或宝石制成，还有陶罐、盘子和杯子（98、100—102、106、108、114、119）。对于考古学家来说，无论是用精美的索伦廷杯（Sorrentine cups），还是（模制的）阿雷廷陶器（Arretine ware，98，"阿雷廷陶器"："我劝你不要太轻视阿雷廷陶器。波塞纳在托斯卡纳烹调方面非常奢华。"），这些令人着迷的文物都依照类型和来源城市分类，并因其工艺、光滑表面和吸引人的红色而受到赞赏。这位诗人既诙谐又严肃地说：精英和亚精英都可能会使用好的"普通"材料和制品，因为宝石黄金在意识形态上被认为过于奢侈；另外，从陶到更珍贵的材料都在真正的罗马器皿组合中反复出现。

这种典型的特殊属性是以知识和记忆为前提的。它可以是鉴赏家对艺术谱系知识的了解，就像一个可爱的年轻人的小雕像据说曾经被（暴君）布鲁图斯（171）珍藏过一样。它也可以是赠与者或受赠者的感觉，即使只是一件普通的东西，在拥有或被赠予后，也可能会随着在礼物交易中其他人的想法而变得特殊。最重要的是，每一首诗都力求成为一种独特的、独创的形式，将我们的眼睛和思想集中在我们手中或视线中的这一首诗上，即使我们已经拥有足够多的东西，以至于我们忽视了这些诗。

波塞迪普斯和马修粉饰了制造者的世界，就像许多古典文本一样。买家和制造商之间的关系比我们现在世界的要直接得多，在作坊的委托和购买中——这个世界吸引了旁观者[1]。古代器物作为人工制品，说明了精英和亚精英工匠对制造奇观的意识，这种意识本身对创造者的身份、反响、技能、特定角度进行了讨论，与现存的关于制造奇观的文本相互映照。本书第六章提到了带有劳动场景的公共罗马纪念碑，尤其是建筑。荷马让忒提斯（Thetis）带我们进入《伊利亚特》中史密斯·赫菲斯托斯（smith Hephaistos）大师的工作室；柏拉图笔下的苏格拉底让我们缓步走进木匠铺；在罗马帝国，奥维德的《变形记》（*Metamorphoses*）将我们带到了阿拉克涅（Arachne）的织布店，当地的仙女们在那里看到了阿拉克涅有才华的手指；维吉尔的《埃涅伊德》（*Aeneid*）将我们带到悬崖边，埃涅阿斯在那里看着狄多（Dido）的迦太基城的建造，他为此着迷并激励自己也建造一座城市。古典文献中不仅有虚构的故事，也有真实的故事，故事的作者认为这样的故事会使人感到有趣和敬畏。共和党人西塞罗给他兄弟昆图斯（Quintus）的信将我们带入罗马帝国建筑承包商监督的细节，正如老普林尼（《自然史》）不断安排国王和平民来参观他们的工作室一样。

公元前5世纪，雅典红彩图案陶器中令人着迷的陶杯，让杯子的主人们关注到了彩绘陶器本身以及雕像等地位很高的文化器物的

1　世界指的是作坊的委托和购买。旁观者指后文提到的那些作家。——译者注

制作。最著名的是铸造厂画家（名字未知）的柏林杯（Berlin cup），他出名的杯子（图8-2）是公元前5世纪的雅典陶杯。在已知的数千个产品里，车间场景的描绘通常很罕见，但这位画家做了几个。在一个铸造厂里，绅士们穿着优雅的衣服，挂着时尚的手杖，观看青铜或裸体人形雕像的制作。他们看着技艺精湛的工匠和助手们仔细照顾着炉火，近乎裸体或全裸地工作着，他们"蹲、蜷缩、刮"的姿势展现了他们并不优雅的形象。在锻炉旁，守护神的小雕像守护着工作，备用的"脚模型"和工具挂在墙上。这些雕像属于一般类型：它们将成为特定的、被命名的存在，由某人题写的奉献品（dedication）。一尊跳跃或奔跑运动员的雕像是由享有很高声望和社会地位的某人定制的，他是泛雅典（Panathenaic）或泛希腊（pan-Hellenic）竞赛的胜利者，或者更准确地说，是富有的年轻胜利者的家族首领。在一种像英雄战斗的滑稽回响中，雕刻家铸造的缸盖被放在两脚之间，他用锤子敲打着雕像四肢伸展的身体，雕像将手臂伸向他，

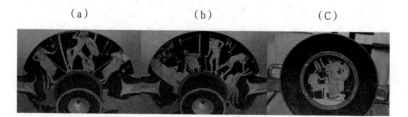

图8-2　雅典陶杯。公元前490年至前480年，绘制红色图案的技术，由铸造画家绘制。柏林，古物收藏F2294。高12厘米，直径30.5厘米；来自瓦尔奇（Vulci）的伊特鲁里亚（Etruscan）古墓。外部（a）（b）：青铜雕刻家作坊和青铜雕像的制作。内部（c）：海女神忒提斯在赫菲斯托斯的工作室里，头盔和盾牌是为忒提斯的儿子阿喀琉斯制作的。经古物收藏、柏林史塔利斯博物馆（Staatliche Museen zu Berlin-Preussischer Kulturbesitz）许可。摄影：约翰内斯·劳伦修斯

宛若一个在战斗中恳求的失败者。在其他地方，一座史诗般的年轻战士的雕像在接受最后的打磨，矮小的工人却显得比游客和雕像都高大。这样的雕像将有一个底座，上面写着"X made it"，意思是出自作坊的某位大师之手。观赏者要么非常矜持，要么就像普通的亚精英一样，对"工艺奇迹"感兴趣，对在那里会发生什么以及观赏者可能得到的乐趣有一种业余或委婉的兴趣。在宴会上，精英或亚精英都能欣赏到这种壮观的场面，而铸造画家本人则通过比较来赞扬自己的技巧、他自己作坊的泥塑艺术，因为泥塑是铸造铜像的起点。内在与外在的匹配既简单又深刻：一块圆形浮雕，一个史诗般的内容，展示了制造者的神——神匠赫菲斯托斯。忒提斯拜访了他，并检查了为她的儿子阿喀琉斯制作的全套装备，神匠在炫耀头盔和他手中的锤子，旁边有提着盾牌的仙女（参看荷马《伊利亚特》）。

人类的工匠看起来很不光鲜亮丽，甚至连雕刻大师也不光鲜亮丽，但他们知道如何创造持久的高雅艺术，而他们的观赏者和顾客却不知道。在制作这件作品并亲自参观一个雕塑作坊的过程中，卑微的制陶工匠必须权衡自己的处境。为了取悦顾客，迎合短暂的时尚，他们附加了红色铭文，这在阿提克的红色图案花盆中很常见：内部刻有"男孩很美"，两侧也有卡洛斯（kalos）铭文——"狄奥根尼也很美"，"男孩也很美"。雅典精英们风格化的同性恋是用这种"卡洛斯杯"来服务彼此的。

这里展示的各种美丽的年轻人的雕像也为精英们服务：年轻人的雕像被描绘为身体似乎在展示所刻的文字，就好像观赏者在为它们发声一样。作为主体和客体的身体在这里被思考，就像敏锐地意识到阶级结构和技能之间的冲突一样。这是一个有益的提醒，即概念意识，无论是伦理还是哲学，都不是精英的遗传特权。我们在文本中没有看到工匠自己的诗歌。但杯子是一份有说服力的文件。杯子最终由一位伊特鲁里亚买家存放在瓦尔奇的一座坟墓中。这是公元前5世纪雅典的精美商品向伊特鲁里亚市场大规模出口贸易的一部分。在那里，自然主义的青铜雕塑也蓬勃发展，杯子可以保持其特殊的吸引力。

一颗特别的珍珠中的信仰世界

考古学家很少发现描绘古希腊罗马制造过程的场景，它们大多出自罗马世界的公共和私人艺术（葬礼浮雕特别丰富，上面有关于死者的手艺、工具或商店的图像）。但是，要研究制作精良的器物奇迹，我们通常必须从人工制品本身出发，并且在为它们构建叙事时，我们必须像有意识的历史学家那样，勾勒出它们的制造者、赞助人和使用者往来的广阔世界。我刚才提到了墓葬用品，它是古典时期礼物经济的一个重要组成部分，在这种经济中，家庭以一种共同的仪式和场景向亲属赠送礼物。这就产生了无数古希腊罗马世界的文物，包括臣民和邻国的文物。在这里，我还提到了还愿物以及它的经济和社会流通。还愿物就是上帝的礼物，因为仁慈的上帝帮助每个人，也帮助社会。

在大英博物馆的箱子里，有件公元前2世纪的文物——别针[1]：一个非常薄、逐渐变细、尖尖的轴，位于被精心加工的黄金（软金属支

1　大英博物馆 GR1888,1115.2；长度17.8厘米，青铜色、金色和珍珠色。在古帕福斯（Old Paphos）的阿佛洛狄忒圣殿发掘。——原书注

撑在青铜基体上）下面，传递光线和阴影，衬托出上面用黄金包裹的巨大的白色物质，顶部有一颗类似该白色物质的珠子。显然，它是用来处理和连接另一种物质的，即它本身不能单独被放置。这件器物的关键之处是能够在纵向上保持稳定。这种又细又尖的金属，可充当一根针，穿过其他物质，将其固定在一个地方。在古代文化中，这是一种女性用来系紧衣服的东西。顶部那颗巨大的白色珠子也让人对其轮廓和颜色着迷，其上面的那颗小珍珠也是如此。这样，无论是在室外明亮的阳光下还是室内的灯光下，这款别针都非常吸引眼球。

　　这款别针的柱头是"科林斯式"[1]的。它在视觉和触觉上，从旋转的细轴过渡到相对巨大的装饰物，弹簧波纹边缘有刺五加树叶（acanthus leaves），弯曲的尖耳角山羊仿佛在奔向牧场上的草木。在标准的柱头花冠下，一朵大莲花和一朵张开的碗状花在每一个动物之间盛开。别针的顶端站着"真正的"鸽子，就像在任何一个宽广的高处上一样，它们成对地面对着莲花杯，把头伸到莲花杯上，好像莲花杯也是真的一样。四只忙碌的鸟完美地排列在别针的顶部。在它们之间耸立着精心塑造的柱顶——圆珠形与倒金字塔相衬，曲线与直线相衬。这些意象是关于欲望的（鸟儿口渴，向甘甜的水池弯腰），因为鸽子，有时是狂暴的公山羊，是阿佛洛狄忒的象征。这类器物代表的是渗透和放松，其方式可以是抒情的爱，也可以是粗俗的性。它的白色珍珠冠饰比喻肉体（珍珠首饰出现在希腊化时代）。如果这颗大珠子是珍珠的话，它将是古典时期保存下来的最大

1　源于古希腊，是古典建筑的一种柱式。它的比例比爱奥尼柱式更为纤细，柱头用莨苕作装饰，形似盛满花草的花篮。——原书注

的珍珠——这是一个很好的奉献品。

　　这件器物复杂地处于女性和男性的凝视和触摸之间，这是历史社会中女性装饰的持续特殊状态。它的背景起源于罗马，但在罗马扩张到东地中海之前，它的起源是古希腊。在塞浦路斯的古帕福斯建造着一座著名的阿佛洛狄忒圣殿，其铭文写着"对帕福斯的阿佛洛狄忒献上忠诚，亲王阿拉塔斯（托勒密王朝的一个宫廷成员）的妻子尤波拉（Eubola）和塔米萨"。在古希腊文化中，这样的别针被用来系衣服，它们成对出现：一个佩普洛斯女人的肩膀上各有一个别针。在希腊化时代，人们看到了一种不同的服装搭配，裹着身体的巨大的披风覆盖着希顿[1]古装。从那个时代开始，我们发现了装饰性的单别针，其上有宝石点缀。该器物对使用者提出了要求——他们知道要小心地处理它；也对观赏者提出了要求——他们对微型作品、复杂的工艺、表现形式的辨别和解码，以及在中间交易中的以小见大[2]都有兴趣。它借鉴了纪念碑世界的视觉教育（visual education），纪念碑细长的柱身，顶部有重要的雕像，而别针顶部成了白色的珠子。装饰性单别针会带来欲望：人们不仅仅是发自本能地感知手要如何握住这件器物，还会渴望用眼睛以非常近的距离观察。金色光芒和白色光芒可以吸引远方的目光。能够更仔细的观察意味着对身体和器物有更多的特权[3]。

1　希顿是以一块矩形布缠绕于身体上，缠绕的方式可以各种各样。——原书注

2　在二手交易时以小见大，如通过小的别针发现它大的价值。——译者注

3　就是说，你观察得越仔细，越证明你对自己身体的和对器物的掌控力越强，你的特权也就越多。——译者注

作为一名视觉文化历史学家，我所知道的一些事情，制作者和观赏者可能也知道，即鸽子到闪亮的金属碗中饮水的形象，是古希腊时代的一个时尚的艺术构想，在我们已知的文本中被赋予了形式，即索索斯（Sosos）在佩加蒙（Pergamon）的"饮水鸽"（老普林尼，《自然史》），这引发了从德洛斯到庞贝城的一系列马赛克相关图像（见图8-3）。

现存的希腊化时期与身体相关的装饰品也将高雅文化的杰作小型化。例如，在雅典的贝纳基博物馆（Benaki Museum），有一枚未

图8-3 马赛克天花板，两个悬挂面板之一，来自4世纪罗马圣科斯坦萨（Santa Costanza）陵墓的走道，这是君士坦丁皇帝（卒于354年）的女儿康斯坦丁娜（Constantina）的回廊。天花板上面有银器、镀银器皿、果实、开花的树枝及鸟类。照片：皮蒂奇纳乔

经证实的金别针，对我们来说，其样式与科林斯式类似；阿佛洛狄忒赤裸地跪在上面，拧着她垂在海里的湿发。

但谁是这样一个器物的用户呢？这种东西装饰得很复杂，使用起来也很复杂。它不是普通的器物，而是脆弱的精致别针。人们应该捏住这种器物的坚固头部，从而防止它断裂或变形；像它一样的别针象征着奢华，使用者需要格外小心。拥有像这样别针的女人也拥有以下服务：一个被奴役的女仆会整理主人的财物，给她穿衣服，帮她整理头发和衣裳。这件器物需要一个容器保护或储存它，比如一个盒子或小袋（pouch），一张桌子或架子，一个房间；主人把它放在桌子上是为了让人眼前一亮，还是为了将它所隐含的东西储存在记忆中？对一个仆人来说，他们是强迫而非自愿接触这样一件东西的。无论是乐于处理这样的东西，还是对自己永远不会佩戴这类器物而感到沮丧，在因为处理而"使用"和作为"拥有或穿着"来"使用"之间的巨大鸿沟，都体现了她的奴隶地位。与身体相关的装饰总是把身体当作看点和舞台，当拥有者都不容易或根本看不到它，而是被它拘束起来时，谁能看到它呢？她是一个观赏者，同时她也希望自己被人欣赏器物赋予她的优雅、魅力——可能是崇拜或贪婪的女性的目光，也可能是一个男性的目光，就像是丈夫（最后一个，也许也是第一个主人）、儿子或父亲在一个家庭场合中的认可？或者是街上路人的认可？仔细考虑后，这件器物的拥有者究竟是男性还是女性？通过对其亲属或其他情感关系中女性身体的修饰，男人被塑造成拥有令人钦佩的阳刚气概的样子。就女性身体通常属于男性而言，在希腊化时期的埃及和塞浦路斯，拥有购买精美器物的金钱和持有这些器物的合法权利的，可能通常是男性，这种器物的"使用者"可能是一个希望自己的女人光彩照人的男人，借此取悦他，确认他的地位，并在情感或激情的纽带中给予对方快乐。可能是一个男人而非女人在商店里挑选了这件器物，也可能是从他母亲那里继承的。图像清楚地表明，美的品质与男性对女性的欲望，与女性的责任、妻子对丈夫的责任联系在一起。与此同时，在社会中，女性之间的相互交往，成为朋友，近距离观察或拥抱，以及其他女性感兴趣和欣赏的眼神，对女性用户来说也很重要，无论是在亲戚之间还是在亲戚之外，都是如此。只有更亲密的人才能近距离接触身上戴的别针。从这个意义上讲，用户可以是任何一个获得满足感的观赏者：这类器物的制作者描绘了一个男人的触摸，他取下扣件让女人变得更赤裸。这件别针作品激发了人们对性和情感饥渴的思考，这种思考被认为存在于情感领域，同时它也讨论了情感领域。这是古希腊罗马珠宝的特点，从荷马和赫西奥德开始，无数的文字都证明了这一点，即使没有文字，也可以从文物记录本身得出这个结论。此外，这件别针作品，以及其他许多暗示阿佛洛狄忒、爱神和伊希斯（Isis）的古典晚期和希腊化时期女性金属装饰品，都可以被拥有者/使用者非常认真地作为护身符使用，以带来并维持男性和女性之间的欲望或"爱"。

这个别针在大众的想象和学术中有着鲜活的生命力。与地中海现存的大量古希腊金饰不同，它有一个已知的考古背景。1888年，古帕福斯的阿佛洛狄忒圣殿经过合法和科学的挖掘，发现这个别针。它位于庙宇的中央室，靠近墙的基础层，"在岩石上方的最后一寸土地上"。这是罗马帝国时期的路面，其下铺着包括古老的还愿物碎片的石板。这个房间原本充满了宝贵的重要信物令牌——当帝国时代的地板被铺设时，这枚别针在清理神圣宝藏的过程中丢失，或者是被故意留下作为一个吉祥的地基部分。[1]

它的题字显示，捐赠者尤波拉是一位富有的贵族，因为她的丈夫阿拉塔斯（Aratas）的头衔"亲王"（syngenes，即国王的亲属）是托勒密·埃皮法内斯 (公元前205年至前180年) 设立的托勒密王朝宫廷官僚机构中的最高级别。这件人工制品可以追溯到公元前2世纪。从公元前3世纪90年代后期开始，托勒密王朝直接管理塞浦路斯，杀害或驱逐了七位塞浦路斯国王。除此之外，这件器物还是一个有说服力的社会政治文件，将性与权力的纠缠映射在王国的人工制品中，并反映了托勒密的海上权力和经济繁荣。殖民国家的男人和女人都在被征服岛屿现存的圣所祈祷，那里已经有很多贵族、王室和平民的献祭，还充满了托勒密文官和军事官员的献祭。塞浦路斯土著精英对这种神圣的政治投资感兴趣，认为这是一种将自己配置为王国结构中重要人物的方式。重要征服者的女性亲属也可以占据供奉空间，正如我们从众多雕像基地（包括阿佛洛狄忒圣殿）所知道的那样。

祈祷的器物

什么是还愿物？大量现存的或文字记录的古地中海文物，包括建筑和设计空间，都有特定的宗教背景，即一件器物一旦离开制造者的手中，至少有一点是可以确定的，那就是它们是上帝想要的东西。在黑暗时代出现的希腊宗教实践、在伊特鲁里亚和罗马的大部

---

1 把这个别针埋在地下当作地基是一件会带来福气的事情。——译者注

分实践，以及中亚和大西洋之间旧世界的一些其他民族中，将物质给予神是实现个人和社区福祉的重要手段。它是一种工具，在恐惧、绝望、希望或感激，以及社会竞争中，通过人造物来调节与非人类的关系。它有复杂的对称性和不对称性（symmetries and asymmetries），包括人类的积累、所有权和人类之间的馈赠。

在基督教晚期（Christian Late Antiquity），还愿习惯仍然具有效力，捐赠者竞相向仪式的庆祝者赠送器皿、器具、纺织品、灯具和烛台，以及文物的存放处和神圣空间内部的辉煌装潢，甚至捐赠整个神殿及其装饰。在君士坦丁统治下，官方认可第一代基督教后，宗教圣地才成为人们关注的焦点，第一次出现了大规模的公共基督教圣所——上帝也想要这些东西。4世纪罗马圣科斯坦萨帝国陵墓（图8-3）的马赛克天花板拱顶提供了一个经典的视觉注释，它展示了通常起到装饰性作用的宴会银器，以衬托在这座教堂祭坛上摆放的现已遗失的精美贵金属器皿。这幅4世纪的图像（图8-4）遵循了古老的圣所艺术传统，就像为圣所的供奉景观增添了光彩的装饰带一样：活泼的爱神忙碌着，在位于奥林匹斯山的住处翻找和排列精美的金属器物，从洗浴水桶或酒瓮到马尔斯（Mars）的盾牌。

有些东西是专门为在宗教空间中展示而设计的。其中，有些在现实生活中没有任何同源用途，除了供奉，如三脚架或陶俑。有些器物则是日常生活中个人工具或服装的精美版本。这些器物的力量来自在被赠予前捐赠者的拥有和使用。别针是一个典型的例子，它是为个人用途和个人所有权（individual ownership）而设计的，带着意志和思想，带着某种情感进入神圣空间，并拥有一个被给予者

图8-4 罗马朱利安广场（Forum Julium）维纳斯·杰奈特里克斯（Venus Genetrix）神庙的大理石浮雕，复原于1世纪末或2世纪初，罗马帝国博物馆（Museo dei Fori Imperiali）。高1.45米，长1.92米，深1.39米。此处展示的是，用安瓿瓶填满水盆或酒瓮，移动香台，并支撑盾牌

希望捐赠者的记忆能够重现的实体[1]。虔诚的表现不仅要看活人的仪式行为，还要看这些中介器物所体现的仪式行为。人们知道让上帝拥有宝库和宝藏是非常重要的，无论是在圣殿建筑内部还是周围，至少有一些宝贝应该展示给享有特权的人。通过仪式确立的公共身份在神圣空间中发挥作用，因此那里需要积聚公共凝视的纪念碑和文物——从各种意义上说，这都是个人和社区希望的记忆场所。特别是对于给予者和上帝来说，即使是很小的、不是很明显的或者

1　就是说这个别针，不仅拥有情感，还有实体（因为它是个别针），这个实体寄托着被给予者希望捐赠者的记忆能够重现。——译者注

根本不明显的东西，在至少两个认识它的人的记忆中也很强大。器物本身就是祈祷者，同时也是被祈祷者。文字有力地促进了捐赠和纪念活动，上帝知道捐赠者——无论是否会被展示出来，祈祷的行为都是重要的演示行为。

在捐赠者的授意下由金属匠刻上字样并转交给女神时，帕福斯（Paphian）别针进入了一个力场、一种纠缠状态，与它作为个人或其家人财产的名义地位完全不同，但依旧永远与后者纠缠不清。它十分脆弱，需要配备一个盒子、一个支架或一个架子。当然，直到1世纪后期，它才被保管起来。我们可以肯定，在其起源时期，它在典型的寺庙清单中被圣所官员记录。请注意，由于捐赠者的身份，这枚别针被赋予了特权空间，即圣殿里的地窖[1]，这里有着非常昂贵的神圣的不动产。尤波拉希望她的名字以及她名单上亲属的名字，在几个世纪里会被不止一位神反复阅读，哪怕其实只是被一个烦躁的神职人员阅读。

上面有阿佛洛狄忒的鸽子的大头针从捐赠者身体的一部分——肉体的延伸——移到了女神身上，这一点非常重要，我们从女性捐赠者给予阿佛洛狄忒的丰富的配饰记录中就知道了这一点。在古希腊时期，成千上万的礼服别针被记录。尤波拉知道这一点吗？还是她只是在遵循古希腊女性献给女神华丽服装的习俗时选择了别针。别针包含那些用来包裹身体、把衣服和发式固定在一起的元素，而移除这些元素意味着性？作为妻子或母亲的女性在祈祷中向女神致意，因为她拥有或希望得到丈夫的爱、生育能力或个人魅力——即

1　这个别针可以被摆放在特殊的地方。——译者注

使尤波拉不"相信",她至少在概念上仍然进行着虔诚的动作。她是一位来自埃及的跨海信仰者。在铭文中,她的丈夫也被神圣化了,这与尤波拉在福祉和记忆方面服务于她的王室丈夫,以及她在埃及的阿佛洛狄忒的重要祭祀中所扮演的典型祭祀角色有着强烈的呼应,这些祭祀是王室的基础或与女王有关。

无论是微小的还是宏大的,对于任何被馈赠给圣殿的东西,考古学都无法轻易回答其中任何一件文物的问题,尽管我们可以将其笼统地表述出来。捐赠者真的来过这里,把她手中的别针递给了一个圣所的服务人员吗?还是捐赠者指示其他人为她奉献一件器物?如果是这样的话,她是否曾经亲自看到或触摸过它,制造商或购买者是否被口头指示,甚至是书面指示,制作或购得器物并将其送到圣所?在古典文献中,历史上的精英人物都有这样的赠送礼物的经历。这枚别针是尤波拉返回埃及时从埃及获得的,还是尤波拉在丈夫来到塞浦路斯并代表他向海洋女神祈祷时留在埃及的?事实上,我们几乎不知道古希腊罗马的还愿宣誓仪式,只是猜测至少在某些时候必须由一个地方的人按照习俗取走东西,或者由一个牧师或其他神职人员把东西交给他们。当然,所有可移动的还愿物在概念上都是从给予者的手上传递的,而最重要的是与身体相关的器物。我们需要对古希腊罗马世界中的还愿物的情况进行更多的研究,以绘制其在情感、记忆、政治、宗教和身份网络中的位置,将这些交易礼物与个人和社区、人类和神联系起来。也许这一章节可以激励学者进一步探索,同时丰富读者的知识储备。

作者简介

　　林·福克斯霍尔（Lin Foxhall），利物浦大学历史、语言和文化学院院长，拉斯伯恩古典历史和古典考古学教授。《世界考古学》的编辑委员会成员，著有《古典时期性别研究》（*Studying Gender in Classical Antiquity*，剑桥，2013年）和《古希腊橄榄种植》（*Olive Cultivation in Ancient Greece*，牛津，2007年）。

　　詹妮弗·盖茨·福斯特（Jennifer Gates-Foster），北卡罗来纳大学教堂山分校古典考古学助理教授。兴趣遍及古希腊罗马时期近东和埃及的艺术和考古学，在埃及东部沙漠的研究工作中卓有成就。著有《希腊化上埃及边境地区的考古学》（*The Archaeology of Borderlands in Hellenistic Upper Egypt*）。

　　安·库特纳（Ann Kuttner），宾夕法尼亚大学艺术史系副教授，兴趣遍及整个古希腊罗马世界。曾参与拉齐奥（Lazio）麦格纳（Magna）别墅的发掘工作及其出版物，是《奥古斯都时代的王朝和帝国：博斯科莱尔杯的案例》(*Dynasty and Empire in the Age of Augustus: The Case of the Boscoreale Cups*，伯克利，1995年）的作者。

罗宾·奥斯本（Robin Osborne），剑桥大学古典史教授，剑桥国王学院和英国学院的研究员。作品涉及考古学、艺术史和希腊历史。著有《雅典的转变：彩陶与古典希腊的创造》(*The Transformation of Athens: Painted Pottery and the Creation of Classical Greece*，普林斯顿，2018年），和P.J.罗兹（P. J. Rhodes）共同创作了《公元前478至前404年希腊历史铭文》(*Dynasty and Empire in the Age of Augustus: The Case of the Boscoreale Cups*，牛津，2017年）。

考特尼·安·罗比（Courtney Ann Roby），康奈尔大学古典文学副教授。兴趣集中于古典世界的科学和技术文本，以及这些文本中语言和视觉元素的相互作用。著有《希腊和罗马科学与文学中的技术表达：亚历山大和罗马之间的书写机器》(*Technical Ekphrasis in Greek and Roman Science and Literature: The Written Machine between Alexandria and Rome*，剑桥，2016年）。

拉邦·泰勒（Rabun Taylor），得克萨斯大学奥斯汀分校古典文学系副教授。兴趣集中在古希腊罗马建筑和城市化上。曾在希腊和意大利进行实地考古调查。著有《罗马建筑家：建筑过程研究》(*Roman Builders: A Study in Architectural Process*，剑桥，2003）和《罗马艺术的道德镜子》(*The Moral Mirror of Roman Art*，剑桥，2008）。

米格尔·约翰·弗斯卢伊斯（Miguel John Versluys），莱顿大学的古典和地中海考古学教授。兴趣集中在古希腊世界和东罗马帝国。正在负责一个重大的研究项目"创新器物——全球联系的影响和罗马帝国的形成（约公元前200年至前30年）"。著有《希腊化世界中的视觉风格和身份建构：安提奥科斯一世时期的内姆鲁德·达奥和科马根尼》（*Visual Style and Constructing Identity in the Hellenistic World: Nemrud Dağ and Commagene under Antiochos I*，剑桥，2017年）。

卡罗琳·沃特（Caroline Vout），剑桥大学的古典文学教授。作品涉及古希腊罗马艺术及文化史。新著《古典艺术：从古至今的生活史》（*Classical Art: A Life History from Antiquity to the Present*，普林斯顿，2018年）。